石油化工安装工程技能操作人员技术问答丛书

保 温 工

丛 书 主 编 吴忠宪
本 册 主 编 张宝杰
本册执行主编 杨新和

中国石化出版社

图书在版编目（CIP）数据

保温工／张宝杰主编．—北京：中国石化出版社，
2018.7（2025.2 重印）
（石油化工安装工程技能操作人员技术问答丛书／
吴忠宪主编）
ISBN 978 - 7 - 5114 - 4785 - 2

Ⅰ．①保… Ⅱ．①张… Ⅲ．①保温工程-基本知识
Ⅳ．①TU761.1

中国版本图书馆 CIP 数据核字（2018）第 162360 号

中国石化出版社出版发行
地址：北京市东城区安定门外大街 58 号
邮编：100011　电话：(010)57512500
发行部电话：(010)57512575
http://www.sinopec-press.com
E-mail：press@sinopec.com
北京艾普海德印刷有限公司印刷
全国各地新华书店经销
*
880 毫米×1230 毫米 32 开本 4.5 印张 95 千字
2018 年 8 月第 1 版　2025 年 2 月第 3 次印刷
定价：25.00 元

序 一

《石油化工安装工程技能操作人员技术问答丛书》（以下简称《丛书》）就要正式出版了，这是继《设计常见问题手册》出版后炼化工程在"三基"工作方面完成的又一项重要工作。

《丛书》图文并茂，采用问答的形式对工程建设过程的工序和技术要求进行了诠释，充分体现了实用性、准确性和先进性的结合，对安装工程技能操作人员学习掌握基础理论、增强安全质量意识、提高操作技能、解决实际问题、全面提高施工安装的水平和工程建设降本增效一定会发挥重要的作用。

我相信，这套《丛书》一定会成为行业培训的优秀教材并运用到工程建设的实践，同时得到广大读者的认可和喜爱。在《丛书》出版之际，谨向《丛书》作者和专家同志们表示衷心的感谢！

中国石油化工集团公司副总经理
中石化炼化工程（集团）股份有限公司董事长

2018 年 5 月 16 日

序　二

近年来，随着石油化工行业的高速发展，工程建设的项目管理理念、方法日趋完善；装备机械化、管理信息化程度快速提升；新工艺、新技术、新材料不断得到应用，为工程建设的安全、质量和降本增效提供了保障。基于石油化工安装工程是一个劳动密集型行业，劳动力资源正处在向社会化过渡阶段，工程建设行业面临系统内的员工教培体系弱化，社会培训体系尚未完全建立，急需解决普及、持续提高参与工程建设者的基础知识、基本技能的问题。为此，我们组织编制了《石油化工安装工程技能操作人员技术问答丛书》（以下简称《丛书》），旨在满足行业内初、中级工系统学习和提高操作技能的需求。

《丛书》包括专业施工操作技能和施工技术质量两个方面的内容，将如何解决施工过程中出现的"低老坏"质量问题作为重点。操作技能方面内容编制组织技师群体参与，技术质量方面内容主要由技术质量人员完成，涵盖最新技术规范规程、标准图集、施工手册的相关要求。

《丛书》从策划到出版，近两年的时间，百余位有着较深理论水平和现场丰富经验的专家做出了极大努力，查阅大量资料，克服各种困难，伏案整理写作，反复修改文稿，终成这套《丛书》，集公司专家最佳工作实践之大成。通过《丛书》的使用提高技能，更好地完成工作，是对他们最好的感谢。

在《丛书》出版之际，我代表编委会向参编的各位专家、向所有为《丛书》提供相关资料和支持的单位和同志们表示衷心的感谢！

中石化炼化工程（集团）股份有限公司副总经理
《丛书》编委会主任

2018 年 5 月 16 日

前　言

石油化工生产过程具有"高温高压、易燃易爆、有毒有害"的特点，要实现"安、稳、长、满、优"运行，确保安装工程的施工质量是重要前提。"施工的质量就是用户的安全"应成为石油化工安装工程遵循的基本理念。

"工欲善其事，必先利其器"。要提高石油化工安装工程质量，首先要提高安装工程技能操作人员队伍的素质。当前，面临分包工程比重日益上升的现状，为数众多的初、中级工的培训迫在眉睫，而国内现有出版的石油化工安装工人培训书籍或者侧重于理论知识，或者侧重于技师等较高技能工人群体，尚未见到系统性的、主要针对初、中级工的专业培训书籍。为此，中石化炼化工程（集团）股份有限公司策划和组织专家编写了《石油化工安装工程技能操作人员技术问答丛书》，希望通过本丛书的学习和应用，能推动石油化工安装技能操作人员素质的提升，从而提高施工质量和效率，降低安全风险和成本，造福于海内外石油化工施工企业、石化用户和社会。

丛书遵循与现行国家标准规范协调一致、实用、先进的原则，以施工现场的经验为基础，突出实际操作技能，适当结合理论知识的学习，采用技术问答的形式，将施工现场的"低老坏"质量问题如何解决作为重点内容，同时提出专业施工的 HSSE 要求，适用于石油化工安装工程技能操作人员，尤其是初、中级工学习使用，也可作为施工技术人员进行技术培训所用。

丛书分为九卷，涵盖了石油化工安装工程管工、金属结构制作工、电焊工、钳工、电气安装工、仪表安装工、起重工、油漆工、保温工等九个主要工种。每个工种的内容根据各自工种特点，均包括以下四个部分：

第一篇，基础知识。包括专业术语、识图、工机具等概念，强调该工种应掌握的基础知识。

第二篇，基本技能。按专业施工工序及作业类型展开，强调该工种实际的工作操作要点。

第三篇，质量控制。尽量采用图文并茂形式，列举该工种常见的质量问题，强调问题的状况描述、成因分析和整改措施。

第四篇，安全知识。强调专业施工安全要求及与该工种相关的通用安全要求。

《石油化工安装工程技能操作人员技术问答丛书》由中石化炼化工程（集团）股份有限公司牵头组织，《管工》和《金属结构制作工》由中石化宁波工程有限公司编写，《电气安装工》由中石化南京工程有限公司编写，《仪表安装工》《保温工》和《油漆工》由中石化第四建设有限公司编写，《钳工》由中石化第五建设有限公司编写，《起重工》和《电焊工》由中石化第十建设有限公司编写，中国石化出版社对本丛书的编辑和出版工作给予了大力支持和指导，在此谨表谢意。

石油化工安装工程涉及面广，技术性强，由于我们水平和经验有限，书中难免存在疏漏和不妥之处，热忱希望广大读者提出宝贵意见。

丛书主编 吴忠亮

2018 年 5 月 16 日

刘小平　中石化宁波工程有限公司 高级工程师

李永红　中石化宁波工程有限公司副总工程师兼技术部主任 教授级高级工程师

宋纯民　中石化第十建设有限公司技术质量部副部长 高级工程师

肖珍平　中石化宁波工程有限公司副总经理 教授级高级工程师

张永明　中石化第五建设有限公司技术部副主任 高级工程师

张宝杰　中石化第四建设有限公司副总经理 教授级高级工程师

杨新和　中石化第四建设有限公司技术部副主任 高级工程师

赵喜平　中石化第十建设有限公司副总工程师兼技术质量部部长 教授级高级工程师

南亚林　中石化第五建设有限公司总工程师 高级工程师

高宏岩　中石化炼化工程（集团）股份有限公司 高级工程师

董克学　中石化第十建设有限公司副总经理 教授级高级工程师

《石油化工安装工程技能操作人员技术问答丛书》

主　　编：吴忠宪　中石化第十建设有限公司党委书记兼副总
　　　　　　　　　经理 教授级高级工程师

副 主 编：刘小平　中石化宁波工程有限公司 高级工程师
　　　　　孙桂宏　中石化南京工程有限公司技术部副主任 高
　　　　　　　　　级工程师
　　　　　杨新和　中石化第四建设有限公司技术部副主任 高
　　　　　　　　　级工程师
　　　　　王永红　中石化第五建设有限公司技术部主任 高级
　　　　　　　　　工程师
　　　　　赵喜平　中石化第十建设有限公司副总工程师兼技
　　　　　　　　　术质量部部长 教授级高级工程师
　　　　　高宏岩　中石化炼化工程（集团）股份有限公司
　　　　　　　　　高级工程师

《保温工》分册编写组

主　　编：张宝杰　中石化第四建设有限公司副总经理　教授
级高级工程师

执行主编：杨新和　中石化第四建设有限公司技术部副主任
高级工程师

副　主　编：王　志　天津星源石化工程有限公司董事长　高级
工程师

编　　委：高天波　天津星源石化工程有限公司　高级工程师
刘明军　天津星源石化工程有限公司　工程师
郝吉路　天津星源石化工程有限公司　工程师
石　乔　天津星源石化工程有限公司　助理工程师
李以宏　天津星源石化工程有限公司　高级工程师
胡　伟　中石化第四建设有限公司　高级工程师
王　薇　中石化第四建设有限公司　工程师
王　娟　中石化第四建设有限公司　高级工程师

目 录

第一篇 基础知识

第一章 专业术语 ……………………………………（ 3 ）
  1. 什么是保温？ ……………………………………（ 3 ）
  2. 什么是保冷？ ……………………………………（ 3 ）
  3. 什么是绝热？ ……………………………………（ 3 ）
  4. 什么是隔音保温？ ………………………………（ 3 ）
  5. 什么是防烫保温？ ………………………………（ 3 ）
  6. 什么是防结露保冷？ ……………………………（ 3 ）
  7. 什么是绝热层？ …………………………………（ 3 ）
  8. 什么是防潮层？ …………………………………（ 4 ）
  9. 什么是保护层？ …………………………………（ 4 ）
  10. 什么是固定件？ ………………………………（ 4 ）
  11. 什么是支承件？ ………………………………（ 4 ）
  12. 什么是伸缩缝？ ………………………………（ 4 ）
  13. 什么是防潮隔汽层？ …………………………（ 4 ）
  14. 什么是硬质绝热材料？ ………………………（ 4 ）
  15. 什么是半硬质绝热材料？ ……………………（ 4 ）
  16. 什么是软质绝热材料？ ………………………（ 4 ）
  17. 什么是环向接缝？ ……………………………（ 5 ）
  18. 什么是纵向接缝？ ……………………………（ 5 ）
第二章 基础知识 …………………………………（ 6 ）
  1. 绝热的目的是什么？ ……………………………（ 6 ）
  2. 绝热的原理是什么？ ……………………………（ 6 ）
  3. 保温的基本结构组成是什么？ …………………（ 6 ）
  4. 保冷的基本结构组成是什么？ …………………（ 7 ）
  5. 保温的施工工序有哪些？ ………………………（ 7 ）

6. 保冷的施工工序有哪些? ………………………………… （ 7 ）

7. 地下及潮湿区域与地上设备、管道绝热施工工序有什么区别? … （ 8 ）

8. 常用的绝热类型有哪些? 分别以什么代号表示? ………… （ 8 ）

9. 固定件包括哪些种类? …………………………………… （ 8 ）

10. 支承件包括哪些种类? …………………………………… （ 8 ）

11. 管壳式换热器管程和壳程设计绝热厚度不同，如何区分? … （ 8 ）

12. 设计图纸对同一部位的绝热要求不一致时，应如何执行? … （ 9 ）

13. 绝热工程施工时如何执行规范? ………………………… （ 9 ）

14. 绝热工程施工时，施工规范的执行先后顺序如何确定? … （ 9 ）

15. 绝热工程施工目前有哪些施工规范? …………………… （ 9 ）

16. 绝热工程施工目前有哪些验收规范? …………………… （ 9 ）

17. 常用的保温材料有哪些种类? …………………………… （ 9 ）

18. 常用的保冷材料有哪些? ………………………………… （13）

19. 常用的防潮层材料有哪些? ……………………………… （15）

20. 常用的保护层材料有哪些? ……………………………… （15）

21. 常用的绝热层紧固材料有哪些? ………………………… （16）

22. 常用的保护层固定材料有哪些? ………………………… （16）

23. 用于保温的绝热材料及其制品密度不应大于多少? ……… （17）

24. 用于保冷的绝热材料及其制品密度不应大于多少? ……… （17）

25. 防潮层材料吸水率不应大于多少? ……………………… （17）

26. 防潮层材料的氧指数不应小于多少? …………………… （17）

27. 涂抹型防潮材料的粘接强度、软化温度、挥发物指标要求
    是多少? ……………………………………………… （17）

28. 包捆型防水卷材类防潮层材料的拉伸强度、断裂伸长率有何
    要求? ………………………………………………… （17）

29. 保冷用的粘结剂粘接强度是多少? ……………………… （18）

30. 绝热材料存储有哪些要求? ……………………………… （18）

31. 对有毒、易燃易爆及沸点低的溶剂材料，存储有什么特殊
    要求? ………………………………………………… （18）

第三章　施工工具 ………………………………………… （19）

1. 常用的绝热层施工工具有哪些? ………………………… （19）

2. 常用的绝热层施工机具有哪些? ………………………… （19）

3. 常用的防潮层施工工具有哪些? ………………………… （19）

4. 常用的保护层施工工具有哪些? ………………………… （19）

5. 常用的保护层施工机具有哪些? ………………………… （19）

6. 常用的绝热施工测量工具有哪些? ·············· (22)

第二篇　基本技能

第一章　施工准备 ·· (25)

　1. 绝热工程施工前要做哪些技术准备工作? ········ (25)

　2. 绝热工程施工前要做哪些现场准备工作? ········ (26)

　3. 绝热工程施工对环境有哪些要求? ·············· (26)

第二章　固定件、支承件安装 ························· (27)

　1. 固定件的安装方式有哪几种? ···················· (27)

　2. 支承件的安装方式有哪几种? ···················· (27)

　3. 固定件、支承件的焊接工作应在什么时候完成? ···· (27)

　4. 固定件与支承件材质宜选用什么材料? ·········· (27)

　5. 绝热材料及制品支承件的支承面有什么要求? ···· (27)

　6. 绝热层用钩钉和销钉的间距和数量有哪些要求? ··· (27)

　7. 支承件的安装间距有什么要求? ·················· (28)

　8. 法兰、阀门附近以及弯头、三通附近安装支承件的起始位置
　　 有什么要求? ·································· (28)

第三章　绝热层安装 ···································· (29)

　1. 防烫的范围以及结构有哪些要求? ················ (29)

　2. 绝热层分层厚度有哪些要求? ···················· (29)

　3. 绝热层的拼缝宽度有哪些要求? ·················· (29)

　4. 绝热层错缝及压缝距离不宜小于多少? ·········· (29)

　5. 水平管道、卧式设备绝热层的纵向接缝位置处在什么范围? ··· (30)

　6. 复合型绝热材料的施工应注意什么? ·············· (30)

　7. 绝热层施工方法有哪些? ························ (30)

　8. 绝热层的下料应注意什么事项? ·················· (30)

　9. 设备、管道绝热层在法兰、阀门等螺栓连接处需预留多少
　　 距离? ······································ (31)

　10. 绝热层的伸缩缝如何设置? ······················ (31)

　11. 伸缩缝有哪些技术要求? ························ (32)

　12. 绝热设备与管道穿越平台、墙体等部位时,对预留洞口有
　　　什么要求? ·································· (33)

　13. 设备裙座、管道支座等附件的保冷施工有什么要求? ········ (33)

　14. 泡沫玻璃作为绝热层时,有什么特殊要求? ········ (33)

　15. 绝热层厚度超过铭牌高度时如何处理? ·········· (33)

16. 抱卡管托部位绝热层如何施工? ……………………（34）

17. 弯头部位绝热层如何施工? ……………………………（35）

18. 三通部位绝热层如何施工? ……………………………（36）

19. 异径管部位绝热层如何施工? …………………………（37）

20. 封头部位绝热层如何施工? ……………………………（39）

21. 阀门绝热层施工应注意什么事项? ……………………（39）

22. 阀门绝热层的做法可分几种类型? ……………………（39）

23. 阀门 D 形结构绝热层如何施工? ……………………（40）

24. 阀门 T 形结构绝热层如何施工? ……………………（42）

25. 法兰绝热层如何施工? …………………………………（46）

26. 绝热层填充施工时，每层充填的高度宜为多少? ……（47）

27. 绝热层填充过程中有哪些注意事项? …………………（47）

28. 直管或设备筒体绝热层捆扎有哪些技术要求? ………（48）

29. 封头绝热层的捆扎有什么要求? ………………………（49）

30. 球罐绝热层的捆扎有哪些要求? ………………………（49）

31. 绝热层浇注施工应做哪些准备工作? …………………（50）

32. 绝热层浇注料的配制应满足哪些要求? ………………（50）

33. 绝热层浇注时应注意哪些事项? ………………………（50）

34. 绝热层喷涂施工注意哪些事项? ………………………（51）

35. 绝热层涂抹施工应注意哪些事项? ……………………（51）

36. 绝热层缠绕施工应注意哪些事项? ……………………（52）

第四章 防潮层安装 ………………………………………（53）

1. 胶泥结构防潮层的施工有哪些要求? …………………（53）

2. 包捆型防水卷材结构防潮层的施工有哪些要求? ……（53）

3. 防潮隔汽层一般在什么位置设置? ……………………（53）

4. 法兰和阀门断开处防潮隔汽层做法有什么要求? ……（54）

5. 如何制作保冷成型管托防潮隔汽层? …………………（54）

第五章 保护层安装 ………………………………………（56）

第一节 放样与下料 …………………………………………（56）

1. 什么是展开放样法? ……………………………………（56）

2. 展开放样有哪几种方法? 分别适用哪些范围? ………（56）

3. 平行线法的作图步骤有哪些? …………………………（56）

4. 虾米腰弯头如何展开下料? ……………………………（57）

5. 三通如何展开下料? ……………………………………（59）

6. 放射法的作图步骤有哪些? ……………………………（61）

7. 三角形法的作图步骤有哪些? ·························（62）

8. 同心异径管如何展开下料? ·························（62）

9. 偏心异径管如何展开下料? ·························（62）

10. 天圆地方如何展开下料? ·························（63）

11. 什么是不可展曲面? ·····························（65）

12. 近似展开法的原理是什么? ·······················（66）

13. 球体封头如何展开下料? ·························（66）

14. 金属保护层可采用什么方式下料? ···············（67）

15. 金属保护层下料应注意什么事项? ···············（67）

第二节 安装 ···（68）

1. 金属保护层接缝的连接形式有哪些? 搭接尺寸有什么
   要求? ···（68）

2. 水平管道金属保护层的纵向接缝一般处于什么位置? ·····（68）

3. 垂直管道金属保护层纵向接缝应设置在什么位置? ·····（68）

4. 金属保护层采用钉口连接时, 其固定间距宜为多少? ···（69）

5. 金属保护层采用钢带固定时, 其安装间距宜为多少? ···（69）

6. 保冷时金属保护层采用什么方式固定? ·············（69）

7. 当保冷的金属保护层采用钉口连接时, 必须采取什么措施? ···（69）

8. 什么情况下, 金属保护层障碍开口缝隙应涂防水胶泥或密封
   剂或加设密封带? ·································（69）

9. 如何制作金属保护层伸缩缝? ·····················（70）

10. 如何安装三通金属保护层? ·······················（70）

11. 如何安装弯头金属保护层? ·······················（72）

12. 如何安装封头金属保护层? ·······················（73）

13. 如何安装异径管金属保护层? ·····················（74）

14. 如何制作安装管帽保护层? ·······················（75）

15. 什么情况下必须采用可拆卸式绝热盒结构? ·········（76）

16. 如何制作安装可拆卸阀门盒? ·····················（76）

17. 如何制作安装可拆卸法兰盒? ·····················（77）

18. 可拆卸绝热盒与不可拆卸绝热盒有什么区别? ·········（78）

19. 方形设备或管道金属保护层采用平板时如何制作? ·······（78）

20. 方形设备或管道金属保护层采用压型板时边角处如何
    处理? ···（78）

21. 保温在法兰中断处如何处理? ·····················（79）

22. 绝热层之间或绝热层与其他物体发生碰撞时如何处理? ······（80）

23. 发生碰撞时绝热层厚度在做消减处理时应注意什么事项？…… （80）

24. 伴热线保温施工有哪些注意事项？ …………………………… （80）

25. 仪表保温有什么要求？ ………………………………………… （81）

26. 电伴热保温需要注意哪些事项？ ……………………………… （82）

27. 如何防护完工的金属保护层？ ………………………………… （82）

28. 布、箔类材料的施工有哪些要求？ …………………………… （83）

第三篇　质量控制

第一章　质量检验 ……………………………………………………… （87）

1. 什么是检验批？如何划分？ …………………………………… （87）

2. 什么是主控项目？ ……………………………………………… （87）

3. 绝热工程主要包括哪些主控项目？ …………………………… （87）

4. 什么是一般项目？ ……………………………………………… （87）

5. 如何判定检验批合格？ ………………………………………… （87）

6. 当验收结果不合格时，如何处理？ …………………………… （88）

7. 绝热层、防潮层、保护层的检查数量应符合什么要求？ …… （88）

8. 绝热前检查项目有哪些？ ……………………………………… （89）

9. 固定件、支承件的安装质量要求有哪些？ …………………… （89）

10. 绝热层检查项目有哪些？ ……………………………………… （89）

11. 绝热层安装厚度的允许偏差为多少？ ………………………… （89）

12. 伸缩缝宽度有什么要求？ ……………………………………… （90）

13. 防潮层检查项目有哪些？ ……………………………………… （90）

14. 防潮层的表面应符合什么要求？ ……………………………… （90）

15. 保护层检查项目有哪些？ ……………………………………… （90）

16. 金属保护层的外观应符合什么要求？ ………………………… （91）

17. 采用毡箔布类、防水卷材、玻璃钢制品等包缠型保护层的
     外观有什么要求？ ……………………………………………… （91）

第二章　常见质量问题 ………………………………………………… （92）

1. 如何处理保温材料厚度偏心？ ………………………………… （92）

2. 如何处理泡沫玻璃预制缝粘贴不饱满、有间隙？ …………… （92）

3. 如何处理保温材料破损？ ……………………………………… （93）

4. 如何处理成卷（箱）金属保护层锈蚀？ ……………………… （94）

5. 如何处理绝热层应分层而未分层的情况？ …………………… （94）

6. 如何处理支承环安装不规范的情况？ ………………………… （94）

7. 如何处理支承件位置设置不对的情况？ ……………………… （95）

8. 材料使用环境因素不符合产品性能要求怎么办? ……………（ 95 ）

9. 如何处理抱箍式支承件紧固不紧，容易滑落的情况? ………（ 95 ）

10. 如何处理绝热层分层不均的情况? ……………………………（ 96 ）

11. 如何处理材料厚度不足或以薄代厚的情况? …………………（ 96 ）

12. 如何处理绝热层拼缝间隙大的情况? …………………………（ 96 ）

13. 如何处理绝热层对接面存在内三角缝的情况? ………………（ 97 ）

14. 如何处理密封胶没有满涂的情况? ……………………………（ 97 ）

15. 如何处理密封胶填缝的情况? …………………………………（ 98 ）

16. 如何处理水平管道绝热层接缝位置未处于水平中心线上下
    45°范围内的情况? …………………………………………（ 99 ）

17. 如何处理绝热层纵缝形成通缝的情况? ………………………（ 99 ）

18. 如何处理绝热材料绑扎分布不均且间距过大的情况? ………（ 99 ）

19. 如何处理绑扎材料螺旋形缠绕的情况? ………………………（100）

20. 如何处理阀盖没有保温的情况? ………………………………（101）

21. 如何处理保冷附件没有延伸的情况? …………………………（101）

22. 如何处理安装好的保温材料遭受雨淋的情况? ………………（102）

23. 如何处理胶污染的情况? ………………………………………（102）

24. 如何处理防潮层破损的情况? …………………………………（102）

25. 如何处理反工序安装的情况? …………………………………（104）

26. 如何处理障碍开口不规范的情况? ……………………………（104）

27. 如何处理管线/设备运行后受热膨胀外保护层脱节的情况? …（105）

28. 如何处理伸缩缝处使用螺钉固定的情况? ……………………（105）

29. 如何处理没有膨胀间隙的情况? ………………………………（106）

30. 如何处理螺栓拆卸距离不足的情况? …………………………（107）

31. 如何处理金属外保护层呛水的情况? …………………………（107）

32. 如何处理金属外保护层钻眼错位的情况? ……………………（110）

33. 如何处理小口径管线金属外保护层环纵向搭接有缝的
    情况? …………………………………………………………（110）

34. 如何处理失效的 S 形挂钩的情况? ……………………………（111）

35. 如何处理设备封头分片不均匀的情况? ………………………（111）

36. 如何处理金属外保护层安装错筋的情况? ……………………（112）

37. 如何处理弯头外保护层末端与法兰端面不平行情况? ………（113）

38. 如何处理保护层纵缝与管道/设备轴线不平行情况? ………（113）

39. 如何处理相邻保护层出现歪斜情况? …………………………（114）

40. 如何处理踩踏保温成品的情况? ………………………………（114）

41. 如何处理保温储罐边缘板腐蚀的情况？ …………………… (115)

42. 如何处理造成电伴热损坏的情况？ ………………………… (115)

43. 如何处理风力较大地区大型直立设备外保护层被风吹开的
情况？ ………………………………………………………… (116)

第四篇　安全知识

第一章　专业安全 ………………………………………………… (121)

1. 从事岩棉、硅酸铝等绝热工程的作业人员应穿戴哪些个人
防护用品？ …………………………………………………… (121)

2. 从事沥青、玛蹄脂等胶泥类防潮层施工时作业人员应穿戴
哪些个人防护用品？ ………………………………………… (121)

3. 从事剪板、扦口、滚圆等转动类机械设备操作时应特别
注意什么安全事项？ ………………………………………… (121)

4. 在进行阀门、机械设备绝热作业时，应注意什么事项？ … (121)

5. 在进行地下设备和管道绝热作业时，应注意什么事项？ … (122)

6. 在正在运行的装置内进行绝热作业时，应注意什么要求？ … (122)

7. 绝热材料的贮存有什么要求？ ……………………………… (122)

8. 绝热工程施工时，在文明施工方面应注意什么事项？ …… (122)

第二章　通用安全 ………………………………………………… (123)

1. 使用电动工具时作业人员应使用哪些个人防护用品？ …… (123)

2. 在振动或噪声环境下作业时应使用哪些个人防护用品？ … (123)

3. 高空作业时，应采取哪些个人安全防护措施？ …………… (123)

4. 高空作业时，作业环境应采取哪些安全防护措施？ ……… (123)

5. 高空作业时，作业用小型工具、小型物品应采取什么安全
防护措施？ …………………………………………………… (123)

6. 高空作业时对人员身体有什么要求？ ……………………… (123)

7. 在脚手架上高空作业时有哪些注意事项？ ………………… (124)

8. 高空作业使用卷扬机时有哪些注意事项？ ………………… (124)

9. 在什么情况下应系挂安全带？ ……………………………… (124)

10. 如何正确使用安全带？ ……………………………………… (124)

11. 现场施工用电应注意什么事项？ …………………………… (124)

12. 现场使用的漏电保护器的动作电流和动作时间应符合
什么要求？ …………………………………………………… (125)

13. 现场施工使用的安全电压是多少？ ………………………… (125)

14. 高压线附近的施工作业有什么要求？ ……………………… (125)

第一篇 基础知识

第一章　专业术语

1. 什么是保温？

为减少设备、管道及其附件向周围环境散热，在其外表面采取的包覆措施。

2. 什么是保冷？

为减少周围环境中的热量传入低温设备和管道内部，防止低温设备和管道外壁表面凝露，在其外表面采取的包覆措施。

3. 什么是绝热？

保温与保冷的统称。

4. 什么是隔音保温？

用于隔绝噪声的一种保温绝热措施。

5. 什么是防烫保温？

用于人身防烫防护的一种保温绝热措施。

6. 什么是防结露保冷？

用于防止大气中水蒸气在设备和管道表面冷凝的一种保冷绝热措施。

7. 什么是绝热层？

对维护介质温度稳定起主要作用的绝热材料及其制品。

8. 什么是防潮层？

为防止水或潮气进入绝热层，其外部设置的一层防潮结构。

9. 什么是保护层？

为防止绝热层和防潮层受外界损伤在其外部设置的一层保护结构。

10. 什么是固定件？

固定绝热层及保护层用的构件。

11. 什么是支承件？

支承绝热层及保护层用的构件。

12. 什么是伸缩缝？

为使绝热结构中因温度变化而产生的应力给予有规律集中的结构形式。

13. 什么是防潮隔汽层？

用于保冷阀门、法兰及成型保冷管托等保冷层断开部位，将保冷结构与大气分隔，防止潮气进入保冷层内部，同时防止冷量损失的一种绝热结构。

14. 什么是硬质绝热材料？

制品使用时能基本保持其原状，在 2×10^{-3} MPa 荷重下，其可压缩性小于6%，制品不能弯曲。

15. 什么是半硬质绝热材料？

制品在 2×10^{-3} MPa 荷重下，可压缩性为6%～30%，弯曲90°以下尚能恢复其原状。

16. 什么是软质绝热材料？

制品在 2×10^{-3} MPa 荷重下，可压缩性为30%以上，可弯曲至 90°以上而不损坏。

17. 什么是环向接缝？

垂直于设备和管道轴线的接缝，也指方形设备的横缝、水平缝。

18. 什么是纵向接缝？

平行于设备和管道轴线的接缝。

第二章 基础知识

1. 绝热的目的是什么?

(1)节约能源,减少热量或冷量损失。

(2)减少设备和管道内介质的温度升降,保持介质温度稳定,提高生产能力。

(3)防止设备或管道内介质凝固、冻结,维持生产正常运行。

(4)防止人员烫伤,或因设备表面高温导致火灾事故。

(5)防止设备或管道表面结露。

2. 绝热的原理是什么?

将导热系数小的材料设置于介质与大气(或环境)之间作为隔断层,隔断介质向大气(或环境)传递热量(或冷量)的渠道,从而避免或减少介质的热量(或冷量)的损失。

3. 保温的基本结构组成是什么?

(1)一般情况下应由保温层和保护层构成,其保温结构如图1-2-1所示;

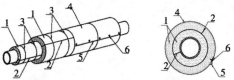

图 1-2-1 保温结构示意图

1—保温层;2—保温层接缝;3—捆扎钢带或捆扎丝;

4—保护层;5—保护层接口;6—自攻螺钉或铆钉

（2）地下设备和管道的保温结构宜由保温层、防潮层和保护层构成。

4. 保冷的基本结构组成是什么?

保冷的基本结构由保冷层、防潮层和保护层构成,保冷结构如图1-2-2所示。

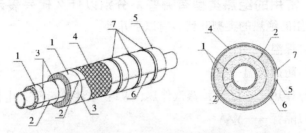

图1-2-2 保冷结构示意图

1—保冷层；2—保冷层接缝；3—捆扎带；4—防潮层；

5—保护层；6—保护层接口；7—保护层捆扎带

5. 保温的施工工序有哪些?

保温的施工工序应按图1-2-3进行。

图1-2-3 保温施工工序

6. 保冷的施工工序有哪些?

保冷的施工工序应按图1-2-4进行。

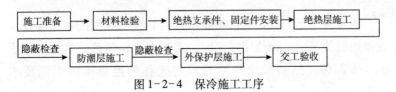

图1-2-4 保冷施工工序

7. 地下及潮湿区域与地上设备、管道绝热施工工序有什么区别？

地下及潮湿区域的设备、管道绝热施工工序中应增加防潮层的施工工序。

8. 常用的绝热类型有哪些？分别以什么代号表示？

常用的绝热的类型和代号有以下几种：

(1)保温——H

(2)防烫保温——P

(3)伴热——T(ST：蒸汽伴热；WT：水伴热；ET：电伴热)

(4)隔音——V/A

(5)夹套——J

(6)防火——FP

(7)保冷——C

(8)防结露——D

9. 固定件包括哪些种类？

包括螺栓、螺母、销钉、钩钉、自锁紧板、箍环、箍带、活动环、固定环等。

10. 支承件包括哪些种类？

包括托架、支承环、支承板等。

11. 管壳式换热器管程和壳程设计绝热厚度不同，如何区分？

通常情况下，设计文件根据换热器管程与壳程的不同温度设置绝热层的厚度。绝热层施工时，需首先确定换热器管程与壳程的具体部位，然后按设计对管程与壳程的绝热层的不同要求施工。

12. 设计图纸对同一部位的绝热要求不一致时，应如何执行？

(1)在图纸会审阶段发现问题，在设计交底时由设计人员澄清。

(2)在图纸会审阶段未发现时，在施工前应通过工程联络单形式与设计单位沟通，由设计单位出具设计变更，按设计变更施工。

13. 绝热工程施工时如何执行规范？

应执行设计文件和合同中规定的施工及验收规范，当设计文件无明确要求时，应由设计单位通过设计变更等形式提出补充要求。

14. 绝热工程施工时，施工规范的执行先后顺序如何确定？

(1)应按国标、行标、企标的顺序执行。

(2)当多种规范或标准同时执行时，应以较严格要求的为准。

15. 绝热工程施工目前有哪些施工规范？

(1)《工业设备及管道绝热工程施工规范》GB 50126。

(2)《石油化工绝热工程施工技术规程》SH/T 3522。

16. 绝热工程施工目前有哪些验收规范？

(1)《工业设备及管道绝热工程施工质量验收规范》GB 50185。

(2)《石油化工绝热工程施工质量验收规范》GB 50645。

17. 常用的保温材料有哪些种类？

(1)岩棉、矿渣棉类：以岩石、矿渣等为主要原料，经高温熔融，在高速离心过程中喷入热固型树脂作为粘结剂生产的绝热制品，使用温度 $T \leqslant 350\,℃$，如图 1-2-5 所示。

(2)复合硅酸盐：也称复合硅酸铝镁，以硅酸盐矿物纤维、颗粒和粉末状材料为主要成分，掺加渗透材料(如快 T)、打浆材料(如海

图 1-2-5 岩棉示意图

泡石、水镁石）、胶凝材料等添加剂，经打浆、发泡、成型、干燥而制成的绝热制品，使用温度 $T \leqslant 500℃$，如图 1-2-6 所示。

图 1-2-6 复合硅酸盐示意图

（3）玻璃棉：由熔融玻璃制成的一种矿物棉，使用温度 $T \leqslant 300℃$，如图 1-2-7 所示。

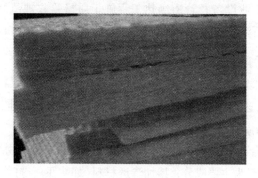

图 1-2-7 玻璃棉示意图

(4)微孔硅酸钙：以经蒸压形成的水化硅酸钙为主要成分，并掺加增强纤维的绝热制品，使用温度 $T\leqslant550℃$，如图 1-2-8 所示。

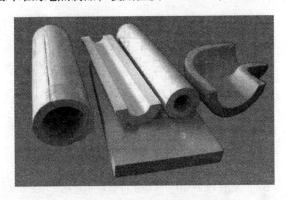

图 1-2-8 微孔硅酸钙示意图

(5)硅酸铝：采用喷吹法生产出来的硅酸铝胶绝热材料，相较于硅酸铝针刺毯，缺点是纤维短，球渣含量高，导热系数较大，使用温度 $T\leqslant800℃$，耐温性能不如硅酸铝针刺毯。硅酸铝材料如图 1-2-9 所示。

图 1-2-9 硅酸铝示意图

硅酸铝针刺毯：是由优质焦宝石经过 2000℃ 以上高温融化，采用甩丝法生产的胶棉，并与其他添加剂融合凝固而成的绝热材料，特点是纤维长，纤维球渣含量低，集耐火、隔热、保温于一体，耐温为 950～1400℃，如图 1-2-10 所示。

图 1-2-10　硅酸铝针刺毯示意图

硅酸铝绳：是以硅酸铝纤维为主要原料，经特殊工艺加工而成的一种密封材料，具有耐高温、导热系数低，容重轻，使用寿命长，抗拉强度大，弹性好，无毒等特点，主要用于小直径管道的缠绕保温，如图 1-2-11 所示。

图 1-2-11　硅酸铝绳示意图

（6）泡沫玻璃：采用碎玻璃为原料，加入外加剂，通过隧道窑炉加热焙烧发泡和退火冷却加工而成，使用温度 $T \leqslant 400℃$，如图 1-2-12 所示。

图 1-2-12　泡沫玻璃示意图

（7）膨胀珍珠岩：采用海泡石绒、珍珠岩等耐火材料，填加适量高温黏合剂精制而成，如图 1-2-13 所示。

图 1-2-13　珍珠岩示意

18. 常用的保冷材料有哪些?

（1）泡沫玻璃：一般用于 -196~400℃，见图 1-2-12。

（2）硬质聚氨酯泡沫（PUR）：用聚醚与多异氰酸酯为主要原料，再加阻燃剂、稳定剂和发泡剂等，经混合、搅拌产生化学反应而形成发泡体的一种低温隔热材料，一般用于 -65~80℃，如图 1-2-14 所示。

（3）聚异氰脲酸酯泡沫（PIR）：由异氰酸盐经催化剂作用后与聚醚发生反应制成的发泡材料，一般用于 -170~100℃，如图

图 1-2-14　聚氨酯示意图

1-2-15 所示。

图 1-2-15　聚异氰脲酸酯示意图

(4)聚苯乙烯泡沫塑料：以聚苯乙烯树脂为主体，加入发泡剂等添加剂制成的绝热材料，其特点是耐低温性能较好，耐高温性能较差，在 74℃就开始分解，当温度继续升高时它就会热熔萎缩。多用于建筑绝热工程，如图 1-2-16 所示。

(5)橡塑制品：以橡胶为主要原材料发泡而成的柔性闭泡绝热材料。用于介质温度在 -50 ~ 105℃间各种管道及设备的绝热工程，如图 1-2-17 所示。

图 1-2-16 聚苯乙烯泡沫塑料示意图

图 1-2-17 橡塑绝热材料示意图

19. 常用的防潮层材料有哪些?

（1）复合胶泥类防潮层材料，包括石油沥青＋玻璃布/塑料网格布、环氧煤沥青＋玻璃布/塑料网格布、沥青玛蹄脂＋玻璃布/塑料网格布等。

（2）包捆型防水卷材类防潮层材料，包括具有弹性的 PE 或聚酯高分子聚合物防水卷材、非弹性的铝箔等。

20. 常用的保护层材料有哪些?

按材质分为两个类型：金属保护层、非金属保护层，常用材料为金属保护层，主要包括：

(1)镀锌铁皮(俗称白铁皮)，镀锌的低碳钢薄板。

(2)铝合金薄板，以铝为基料的合金类材料的总称。

(3)彩钢板，一种带有机涂层的钢板。

(4)不锈钢薄板，通常为304材质。

(5)由镀锌铁皮、彩钢板、铝合金板加工而成的压型板，如瓦楞板、波纹板。

21. 常用的绝热层紧固材料有哪些?

(1)玻璃纤维带：宽度不小于25mm，通常用于泡沫玻璃、聚氨酯等脆性材料。

(2)钢丝：$\phi1.2mm$，用于保温外径小于等于300mm，$\phi1.6mm$，用于保温外径301~600mm。

(3)钢带及扣件：12mm×0.5mm，用于保温外径601~1000mm，20mm×0.5mm，用于保温外径大于1000mm。

(4)当保护层为不锈钢材质，其捆扎材料也应是不锈钢的；对于保冷材料的捆扎，宜采用不锈钢带或玻璃纤维带。

22. 常用的保护层固定材料有哪些?

(1)自攻螺钉：$M4×15mm$，十字槽盘头，用于热保温外保护层的固定。

(2)铆钉：$\phi5mm$，有开口和闭口之分，国外一般采用闭口形式，国内尚无要求，用于保冷外保护层钢带无法安装的特殊位置。

(3)钢带及扣件：用于保冷外保护层的固定及保温外保护层伸缩缝位置。

(4)快速释放扣件：用于阀门，法兰盒的固定。

23. 用于保温的绝热材料及其制品密度不应大于多少？

《工业设备及管道绝热工程设计规范》GB 50264 规定：

(1)硬质绝热制品密度不大于 $220kg/m^3$。

(2)半硬质绝热制品密度不大于 $200kg/m^3$。

(3)软质绝热制品密度不大于 $150kg/m^3$。

24. 用于保冷的绝热材料及其制品密度不应大于多少？

《工业设备及管道绝热工程设计规范》GB 50264 规定：

(1)泡沫塑料制品的密度不应大于 $60kg/m^3$。

(2)泡沫橡胶制品的密度不应大于 $95kg/m^3$。

(3)泡沫玻璃制品的密度不应大于 $180kg/m^3$。

25. 防潮层材料吸水率不应大于多少？

《工业设备及管道绝热工程设计规范》GB 50264 规定防潮层材料吸水率不应大于 1%。

26. 防潮层材料的氧指数不应小于多少？

《工业设备及管道绝热工程设计规范》GB 50264 规定防潮层材料氧指数不应小于 30%。

27. 涂抹型防潮材料的粘接强度、软化温度、挥发物指标要求是多少？

《工业设备及管道绝热工程设计规范》GB 50264 规定，用于涂抹型防潮材料，在常温时其粘接强度不应小于 0.15MPa，软化温度不应低于 65℃，挥发物不得大于 30%。

28. 包捆型防水卷材类防潮层材料的拉伸强度、断裂伸长率有何要求？

《工业设备及管道绝热工程设计规范》GB 50264 规定，包捆型防潮层材料的拉伸强度不应低于 10MPa，断裂伸长率不应低于 10% 。

29. 保冷用的粘结剂粘接强度是多少？

《工业设备及管道绝热工程设计规范》GB 50264 规定，保冷用的粘结剂在使用温度范围内应保持有一定的粘结性能，在常温时粘结强度应大于 0.15MPa。泡沫玻璃用的粘结剂，在 −196℃ 时粘结强度应大于 0.05MPa。

30. 绝热材料存储有哪些要求？

(1)绝热材料应存放在仓库或棚库内。当材料说明有特殊要求时，需满足其存储条件。

(2)绝热材料应按材质分类存放。保管中应根据材料品种的不同，分别设置防潮、防水、防冻、防成型制品挤压变形及防火等设施。

(3)软质及半硬质材料堆放高度不应超过 2m。

31. 对有毒、易燃易爆及沸点低的溶剂材料，存储有什么特殊要求？

对有毒、易燃易爆及沸点低的溶剂材料应存放在通风良好的专用库房，并应采取防火、防毒措施。

第三章　施工工具

1. 常用的绝热层施工工具有哪些?

常用的绝热层施工工具主要包括打包机、剪刀、钳子、锯子、刷子、直尺、卷尺、壁纸刀等。

2. 常用的绝热层施工机具有哪些?

(1)数控泡沫切割机:属于自动化生产设备,具备开料种类全,开料精准等特点,但需要操作人员有一定的 CAD 基础,并且对所做工作量有提前的图纸准备工作。理论上满足各种部位的二维面切割,但不具备三维弧面的成型功能。

(2)竖切机:用于切割直边,通过调整定位基准挡板至锯条的距离,完成切割的工作。

3. 常用的防潮层施工工具有哪些?

常用的防潮层施工工具主要包括剪刀、直尺、壁纸刀、铲刀、塑料桶、刮板等。

4. 常用的保护层施工工具有哪些?

常用的保护层施工工具主要包括剪刀、电剪刀、切割机、螺丝刀、铆钉枪、胶枪、圆规、电钻、打包机、记号笔、木锤等。

5. 常用的保护层施工机具有哪些?

(1)动力材料架:由机身、油泵、电控柜组成,通过机身面板液压涨缩，实现成品保护和节省人工，如图1-3-1所示。

图1-3-1　动力材料架示意图

（2）剪板机：由铸铁铸成的机身，采用底传动方式，通过挡料机构，在剪切大量同一宽度的板料时，可大大提高劳动生产效率，如图1-3-2所示。

图1-3-2　剪板机示意图

（3）电动卷圆机：主要由机架部分、机芯部分和电器控制部分组成。根据三点成圆的原理，利用工件相对位置变化和旋转运动使工件产生连续的塑性变形，以获得预定形状的工件，如图1-3-3所示。

图 1-3-3 电动卷圆机示意图

(4)电动压箍机：是金属板进行压箍的设备，被加工的工件通过凹凸轮挤压成型，起到金属板加强的作用，如图1-3-4所示。

图 1-3-4 电动压箍机示意图

(5)咬口机：是一种多功能的机种，主要用于板材连接和板材闭合连接，其核心部分是轧辊，被加工的工件通过滚轮之间挤压成型，如图1-3-5所示。

图 1-3-5 咬口机示意图

(6)折方机：用于金属外护弯折，如方形盒子、对角线压制，如图1-3-6所示。

图1-3-6　折方机示意图

6. 常用的绝热施工测量工具有哪些?

常用的绝热施工量具主要包括卷尺、直尺、直角尺及针形厚度计等。

第二篇　基本技能

第一章 施工准备

1. 绝热工程施工前要做哪些技术准备工作？

(1)绝热工程施工前应熟悉图纸、掌握设计要求、选取符合设计要求的施工及验收规范，并应了解绝热材料及其制品的性能及其施工方法。绝热工程施工应具备下列文件资料：

a)设计文件。

b)绝热材料及其制品的质量证明文件以及新材料的产品使用说明书。

c)材料复验报告。

d)施工技术文件，包括施工技术方案或作业指导书、技术交底等。

e)符合设计要求的施工及验收规范、施工技术规程等。

(2)绝热工程施工前应进行图纸会审并参加设计交底会议。

(3)绝热工程施工前应编写施工技术方案或施工作业指导书，并应经作业单位、监理或建设单位审核，其内容应符合下列要求：

a)编制依据包括设计文件、适用标准规范、顾客特殊要求。

b)工程概况包括工程内容、工程特点、施工技术关键及主要实物量。

c)主要施工方法包括施工程序、主要施工工艺及关键工序、部位的处理方法。

d)施工机具和劳动力等资源需求与安排计划、材料进场计划、施工进度计划等施工组织与部署。

e)工程质量保证及质量通病治理等措施。

f)施工过程中的危险源识别及安全和劳动保护措施。

g)施工过程记录样式、填写要求。

(4)施工作业前应对所有作业人员进行技术与安全交底。施工技术与安全交底的内容应符合下列要求：

a)应说明工程主要施工内容、工程施工特点、重要及关键控制点等内容。

b)应说明主要部位的施工方法及注意事项。

c)对采用新材料、新工艺时的技术要领应进行详细说明。

d)应包括质量通病的预防及质量通病的处置措施。

e)应详细说明施工过程中的安全防护措施。

(5)采用新材料、新工艺、新设备、新技术时，操作人员应进行专门培训。

2. 绝热工程施工前要做哪些现场准备工作？

(1)绝热工程施工前应提供满足工程需求的预制场地，配备施工需要的设施和施工机具，并保证临时用水、用电的需要。

(2)现场应设置满足施工要求的临时材料库房或材料堆场，并设置专门的废旧材料回收区。

(3)施工作业人员进入现场前应进行安全教育及相关的安全培训与取证，参加建设单位的入厂教育。

(4)进入现场的作业人员个人劳动保护设施应符合 GB 50484 的有关规定。

(5)施工作业点应设置安全防护设施。

3. 绝热工程施工对环境有哪些要求？

绝热工程施工环境条件应符合绝热材料及其制品的性能要求或产品说明书的要求。雨、雪天气或阳光曝晒、低温天气下进行绝热工程施工时，应采取防雨、防雪、防滑和防冻等措施。

第二章 固定件、支承件安装

1. 固定件的安装方式有哪几种？

固定件的安装方式主要包括焊接、粘接、螺栓连接等方式。

2. 支承件的安装方式有哪几种？

支承件的安装方式主要包括焊接、抱箍等方式。

3. 固定件、支承件的焊接工作应在什么时候完成？

焊接应在设备或管道的防腐、衬里、热处理和强度试验等工序开始前完成。

4. 固定件与支承件材质宜选用什么材料？

固定件与支承件材质宜选用与设备或管道相匹配的材料，材质不同时宜采用管卡或抱箍固定。

5. 绝热材料及制品支承件的支承面有什么要求？

厚度宜为 3~6mm，宽度应比绝热层厚度小 10~20mm。

6. 绝热层用钩钉和销钉的间距和数量有哪些要求？

(1) 硬质材料间距宜为 300~600mm，且钩钉宜设置在绝热制品拼缝处。

(2) 软质绝热材料间距不宜大于 350mm。

(3) 每平方米面积上的钩钉和销钉的个数，侧面不宜少于 6 个，底部不宜少于 9 个。

7. 支承件的安装间距有什么要求？

(1)平壁设备和管道保温时支承件间距宜为 1.5 ~ 2m。

(2)圆筒设备或管道保温时，介质温度大于或等于 350℃ 时，宜为 2 ~ 3m，介质温度小于 350℃ 时，宜为 3 ~ 5m。

(3)平壁设备、圆罐和管道保冷时均不得大于 5m。

8. 法兰、阀门附近以及弯头、三通附近安装支承件的起始位置有什么要求？

(1)法兰、阀门附近的支承件距离法兰、阀门的距离应大于法兰或阀门螺栓拆卸距离。

(2)在弯头、三通附近的支承件起始位置距离焊缝不应小于 300mm，且应避开保护层伸缩缝位置。

第三章 绝热层安装

1. 防烫的范围以及结构有哪些要求?

(1)距离操作平台 0.75m 以内、高于地面或操作平台 2.1m 以内应采取防烫措施。

(2)防烫措施通常有两种结构,一是隔离网结构,二是保温结构。

2. 绝热层分层厚度有哪些要求?

除浇注型、填充型绝热结构外,绝热层分层应符合下列要求:

(1)当采用一种绝热制品,且绝热层厚度大于 80mm 时,应分两层或多层施工。

(2)内外层绝热层为同一种绝热材料时,分层厚度宜近似相等。

(3)内外层绝热层为不同材料的复合层时,每层厚度应符合设计要求。

3. 绝热层的拼缝宽度有哪些要求?

保温时的拼缝宽度不应大于 5mm,保冷时的拼缝宽度不应大于 2mm。

4. 绝热层错缝及压缝距离不宜小于多少?

绝热层错缝及压缝距离不宜小于 100mm。

5. 水平管道、卧式设备绝热层的纵向接缝位置处在什么范围?

水平管道、卧式设备绝热层的纵向接缝位置不得设置在管道垂直中心线45°范围内;当采用多片(块)式拼砌,绝热层的纵向接缝可不受此限制,但应偏离管道垂直中心线位置,如图2-3-1所示。

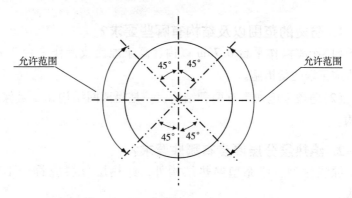

图2-3-1 绝热层纵向允许接缝位置示意图

6. 复合型绝热材料的施工应注意什么?

复合型绝热材料是由两种及两种以上不同绝热材料组成的一类绝热材料,因不同的绝热材料适应不同的环境条件,因此在复合型绝热材料施工时,应注意其方向性,不能反置。

7. 绝热层施工方法有哪些?

绝热层的施工一般包括捆扎法、拼砌法、缠绕法、填充法、粘贴法、浇注法、喷涂法和涂抹法等。

8. 绝热层的下料应注意什么事项?

(1)下料前应进行排版,使材料得到综合利用。

(2)根据硬质、半硬质以及软质材料的性质,合理预留下料余量。其中硬质材料应净量下料，半硬质应少留余量，软质应留较大余量。带型、绳型应留有搭接余量。

（3）弯头、三通、大小头等异型部位应进行放样，按样板切割。

9. 设备、管道绝热层在法兰、阀门等螺栓连接处需预留多少距离？

（1）设备法兰两侧应留出 3 倍螺母长度的距离。

（2）管道法兰螺母的一侧留出 3 倍螺母长度的距离，另一侧应留出螺栓长度加 25mm 的距离，如图 2-3-2 所示。

（3）一些特殊位置如弯头或三通直接连接法兰等，不再预留螺栓拆卸距离。

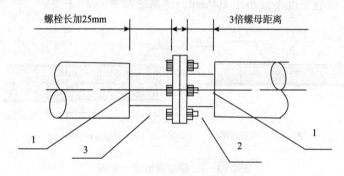

图 2-3-2　螺栓预留距离示意图

1—管道保护层；2—螺母侧；3—螺栓侧

10. 绝热层的伸缩缝如何设置？

硬质绝热层应留设伸缩缝，伸缩缝位置应符合下列规定：

（1）立管、立式设备的支承件下或法兰下部。

（2）水平管道、卧式设备的法兰、支吊架、加强筋板和固定环处或距封头切线 100~150mm 处。

（3）卧式容器鞍座中间、水平管道两固定管架中间。

（4）带有加强筋板的方形设备，其绝热层可不留设伸缩缝。

（5）弯头两端的直管段上应各留一道伸缩缝，当弯头间距较小时，两弯头之间可不留设伸缩缝。

11. 伸缩缝有哪些技术要求？

伸缩缝采用软质绝热材料填充密实，填充材料的性能应与硬质绝热材料相近并能满足介质温度的要求。伸缩缝应符合下列要求：

（1）介质温度 $T \geqslant 350℃$ 时伸缩缝的宽度宜为 25mm，介质温度 $T < 350℃$ 时宜为 20mm。

（2）绝热层为双层或多层时，各层均应留设伸缩缝，并应错开，错缝宽度不宜小于 100mm。伸缩缝参考图 2-3-3。

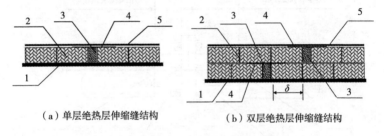

（a）单层绝热层伸缩缝结构　　（b）双层绝热层伸缩缝结构

图 2-3-3　伸缩缝留设示意图

δ 为双层绝热层伸缩缝的错缝宽度，$\delta \geqslant 100mm$

1—设备或管道表面；2—绝热层；3—伸缩缝；4—密封带；5—保护层

（3）设计温度 $T \geqslant 350℃$ 的高温设备和管道以及低温设备和管道的绝热层应在伸缩缝外再增设一层绝热层，其厚度应与设备和管道本体的绝热厚度相同，增设的绝热层与伸缩缝的搭接宽度不得小于 50mm。再绝热伸缩缝参考图 2-3-4。

（4）保冷层的伸缩缝外侧应采用丁基胶带密封。

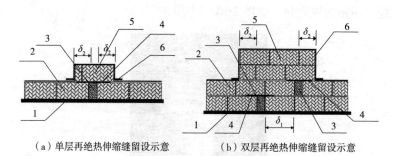

（a）单层再绝热伸缩缝留设示意　　　（b）双层再绝热伸缩缝留设示意

图 2-3-4　再绝热伸缩缝留设示意图

δ_1 为双层绝热层伸缩缝的错缝宽度，$\delta_1 \geqslant 100mm$；

δ_2 为再绝热时伸缩缝的搭接宽度，$\delta_2 \geqslant 50mm$

1—设备或管道表面；2—绝热层；3—伸缩缝；

4—密封带；5—再绝热层；6—保护层

12. 绝热设备与管道穿越平台、墙体等部位时，对预留洞口有什么要求？

预留洞口必须满足绝热后的设备及管道整体穿过预留洞口，同时洞口的宽度应预留有设备或管道膨胀与收缩的间隙。

13. 设备裙座、管道支座等附件的保冷施工有什么要求？

设备裙座、鞍座、支座和管道支座、支架、吊架等附件在保冷施工时，延伸长度不得小于设备和管道本体保冷层厚度的四倍或敷设至非金属隔离垫处。

14. 泡沫玻璃作为绝热层时，有什么特殊要求？

泡沫玻璃作为绝热层时，应在钢材表面或紧贴钢材表面的内表面涂刷耐磨剂。

15. 绝热层厚度超过铭牌高度时如何处理？

（1）保温时，可将铭牌周围的保温层切割成喇叭形开口，接缝处用密封胶密封，如图 2-3-5 所示。

图 2-3-5　铭牌部位保温

（2）保冷时，可将铭牌支架覆盖，将设备铭牌移至保护层外表面。

16. 抱卡管托部位绝热层如何施工？

（1）保温厚度大于抱卡尺寸，保温可直通过去，如图 2-3-6 所示。

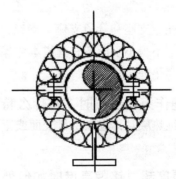

图 2-3-6　抱卡管托保温（抱卡尺寸小于保温厚度）

（2）保温厚度小于抱卡尺寸时，应整体增加保温厚度，使抱卡完全被保温覆盖，当相邻管线间距较小时，可仅对抱卡位置加厚，如图2-3-7所示。

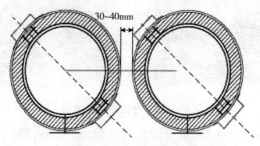

图2-3-7 抱卡管托保温

17. 弯头部位绝热层如何施工？

弯头部位宜采用成型制品。无成型制品时，应将直管加工成虾米腰敷设。公称直径小于或等于80mm的中、低温管道的弯头部位绝热层，当施工有困难时，可将管壳加工成45°斜切。绝热材料为软质材料时，以橡塑棉为例按下述方法进行：

（1）公称直径小于等于300mm的弯头，绝热层由两个相同扇面部分组成。

下料时扇面两端根据错缝需要延长的长度之差为100mm，例如：最内层的延长长度为350mm，第二层的延长长度为250mm，第三层的延长长度为150mm，第四层的延长长度为50mm，最外层不延长长度，如图2-3-8所示。

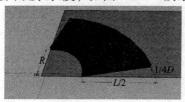

图2-3-8 弯头下料示意图

将第一层扇面的内接缝先行粘接，然后将第二层扇面的外接缝粘接，交错粘接预制弯头，如图2-3-9所示。

图2-3-9 弯头粘接示意图

将已粘接的两个扇面安装在弯头管道上，粘接剩余接缝，并注意多层安装时的错缝处理，如图2-3-10所示。

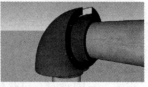

图2-3-10 弯头安装

(2)公称直径大于300mm的弯头绝热层，由多节虾米腰组成。

18. 三通部位绝热层如何施工？

宜采用成型制品，无成型制品时，应该按先主管、后支管的顺序依次进行，并做好相交部位的处理，以橡塑棉为例：

(1)三通由两部分组成，抛物线低点与高点的高度差，应等于三通正交处顶部与侧边弧底的高度差，如图2-3-11所示。

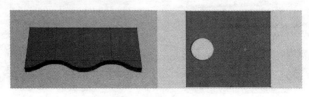

图2-3-11 三通下料

(2)将弧线接缝先行粘接,保留直线接缝,要仔细检查,保证接缝粘接良好,如图 2-3-12 所示。

图 2-3-12 三通粘接

(3)将预制件安装在三通管道上,粘接剩余接缝,可以将预制件旋转180°进行错缝处理,如图 2-3-13 所示。

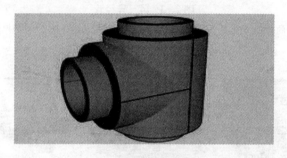

图 2-3-13 三通安装

19. 异径管部位绝热层如何施工?

宜采用成型制品,无成型制品时,可将材料加工成梯形块进行安装。以橡塑棉为例:

(1)先确定尺寸,如图 2-3-14 所示。

(2)在距离 h 的两条平行线上对称中线标出长度为 d_1 和 d_2 的端点,这样得到 4 个端点:a、b、c 和 d(标记为 4 个端点)。延长 $d-a$ 和 $c-b$,得出在中线上的一个交点,以这个交点为圆点划 2 个弧,这 2 个弧线分别通过 $a-b$,$d-c$。量取大端管道的周长 c_1 和小管端管道的周长 c_2,如图 2-3-15 所示。

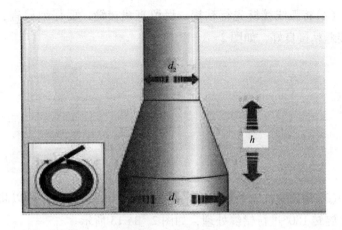

图 2-3-14 异径管

h = 变径的高度(上下 2 个焊缝的距离);d_1 = 大端管道的外径 + 2 倍的保温厚度;

d_2 = 小端管道的外径 + 2 倍的保温厚度

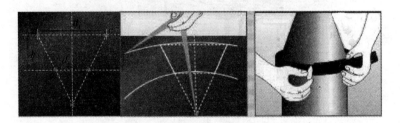

图 2-3-15 异径管放样

(3)在图中用测量条测得的长度在大圆弧上标出 c_1 得到 C' - D';在小圆弧上对称标出长度 c_2 得到 A' - B'。将 D' - A',C' - B' 用直线连接,就得到保温同心变径的管件的形状。用锋利的小刀把它裁下来,如图 2-3-16 所示。

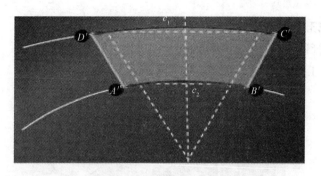

图 2-3-16 异径管放样

（4）现场安装后如图 2-3-17 所示。

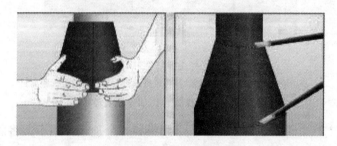

图 2-3-17 异径管安装

20. 封头部位绝热层如何施工？

绝热后外径小于等于 600mm 时宜采用平盖式；绝热后外径大于 600mm 时宜采用桔瓣式。

21. 阀门绝热层施工应注意什么事项？

阀门属于异型件，绝热层的最低厚度应不低于设备或管道本体绝热层的厚度，绝热层的高度应高于阀盖的高度。

22. 阀门绝热层的做法可分几种类型？

阀门绝热层一般可分做成 D 形、T 形或圆形。

23. 阀门 D 形结构绝热层如何施工？

管道保温一直到阀体的法兰，以橡塑棉为例：

(1)确定尺寸，如图 2-3-18 所示。

图 2-3-18　阀门

L = 阀门的长度 + 2 × 保冷厚度(阀门长度是指上下螺栓的最远距离)；

H = 阀门杆高度 + 2 × 保冷厚度；W = φ(直径) + 10mm

(2)按照上述尺寸制作 2 个侧板和一个顶板，用小刀将画好的形状切下来，如图 2-3-19 所示。

图 2-3-19　阀门侧板和顶板制作

(3)在侧板的顶端接缝和顶板连接部位涂胶水，如图 2-3-20 所示。

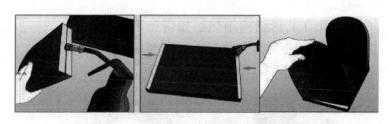

图 2-3-20　阀门侧板和顶板粘接

（4）用与板材同厚度的测量条测量顶板外端经侧板边缘到另一端的长度，在接缝表面涂胶水。滚动侧板边缘把接缝逐次粘接好，最后形成一个箱体。把箱体放倒，确定所有边缘平整并在一条线上，重复检查所有接缝，如图 2-3-21 所示。

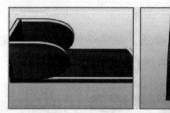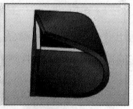

图 2-3-21　阀门侧板粘接

（5）在侧板上适当的位置为阀门两侧切圆洞，并在顶板上适当的位置为阀杆开孔。把完成的预制件箱体刨开包装在阀门上。给接缝涂胶水，待"初干"后把箱体粘合起来，用胶水把所有未密封的部位粘接牢固。多层安装要错缝粘接，如图 2-3-22 所示。

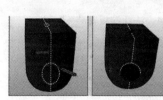

图 2-3-22　安装阀门

24. 阀门 T 形结构绝热层如何施工？

管道保温一直到阀体的法兰，以橡塑棉为例：

（1）测量如下参数，如图2-3-23所示。

图 2-3-23　法兰测量

b = 管道的周长；d = 法兰顶部到保温外层的深度

（2）画出并裁剪一个保温条，在两端的法兰外粘接呈一个环形（带表皮的面朝向阀门的两侧），如图 2-3-24 所示。

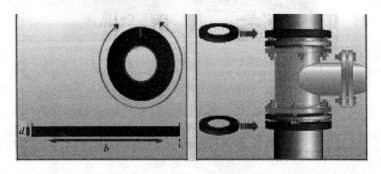

图 2-3-24　法兰端板安装

（3）在测量周长时一定要用和保温厚度相同的测量条测量，并且不要拉伸测量条，如图 2-3-25 所示。

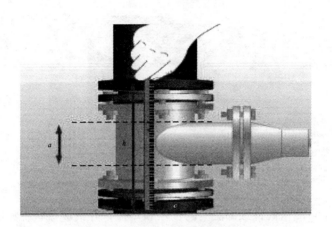

图2-3-25 测量

h=2个环形外表面的高度；a=阀杆颈部直径；c=环形的周长

（4）在板材上标出上述尺寸和阀杆颈部的直径，并且把画好的管件裁切出来，如图2-3-26所示。

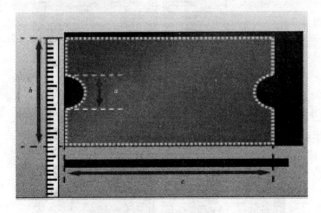

图2-3-26 法兰裁剪

（5）把裁好的管件安装在阀体上，接缝涂胶水。待胶水"初干"后对接起来，用手指压紧接缝，如图2-3-27所示。

图 2-3-27 法兰安装

（6）测量阀杆颈部法兰的长径和短径，并裁成盘状，如图 2-3-28 所示。

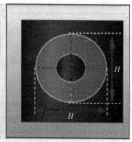

图 2-3-28 阀杆颈部盖板制作

（7）从圆盘的一侧切开并安装到阀杆上。接缝涂胶水，待胶水初干后把接缝粘接起来，如图 2-3-29 所示。

图 2-3-29 阀杆颈部盖板安装

(8)测量阀杆颈部法兰的周长并放样到板材上,把周长四等分。测量阀杆顶盖圆盘表面到阀体保温的最大和最小深度。分别在板材上标记出最小和最大深度。用这两个高度差为半径在等分线上划 5 个弧。然后用平滑曲线把 5 条弧连接起来,把多余部分切掉,如图 2-3-30 所示。

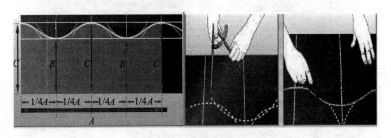

图 2-3-30 阀盖制作

(9)在圆弧板材一侧高端内层切倒角(斜边,这一侧与阀体的侧面相连接),在接缝处涂胶水,待"初干"后粘接好,如图 2-3-31 所示。

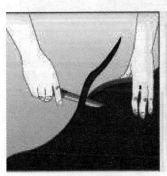

图 2-3-31 阀盖安装

(10)用湿式粘接法粘接其他接缝,如图 2-3-32 所示。

图 2-3-32　阀门修整

25. 法兰绝热层如何施工？

法兰一般做成圆形，以橡塑棉为例：

(1)法兰两个侧边用两个圆环封闭，如图 2-3-33 所示。

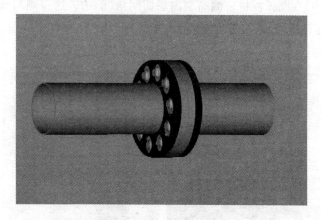

图 2-3-33　法兰侧板安装

(2)法兰预制件如图 2-3-34 所示，安装时套上对应的法兰，刷胶水粘接即可，多层安装时注意错缝。

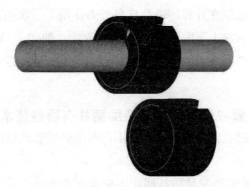

图2-3-34　法兰安装

26. 绝热层填充施工时，每层充填的高度宜为多少？

材料充填应自下而上逐层进行，每层充填的高度宜为300~500mm。

27. 绝热层填充过程中有哪些注意事项？

（1）填充过程中，应防止漏料或固形层变形，且不得产生"架桥"现象。"架桥"如图2-3-35所示。

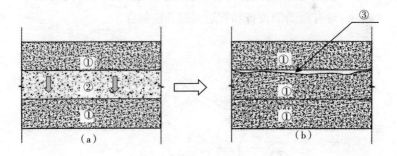

图2-3-35　填充绝热层的"架桥"现象

（2）"架桥"形成过程：在绝热层填充过程中，如分层填实不均匀，如图2-3-35(a)中的①为致密层、②为松散层；随着时间的推移，松散层在外界环境及自身重力作用下下沉也演变为致密层，这时，就在上下两层之间形成空隙③，如图 2-3-35(b) 所示。而在绝热层中出现这一空隙的过程，就是我们通常所说的"架桥"现象。

28. 直管或设备筒体绝热层捆扎有哪些技术要求？

绝热层捆扎时应松紧适度，不得对绝热层造成损伤，如图 2-3-36 所示。

(1) 硬质绝热制品捆扎间距不应大于 400mm，半硬质绝热制品捆扎间距不应大于 300mm，软质绝热制品捆扎间距不应大于 200mm。

(2) 每块绝热制品上的捆扎道数不得少于两道；半硬质制品长度大于 800mm 时应至少捆扎三道；软质制品两端 50mm 长度内应各捆扎一道。

(3) 不得采用螺旋式缠绕捆扎。

(4) 多层绝热层应分层捆扎。

(5) 软质绝热制品宜优先使用捆扎带或粘胶带进行捆扎。

(6) 对有振动的设备和管道，捆扎应加强。

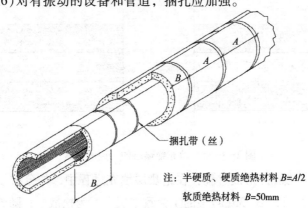

注：半硬质、硬质绝热材料 B=A/2
软质绝热材料 B=50mm

图 2-3-36 直管或设备筒体捆扎

29. 封头绝热层的捆扎有什么要求?

设备封头绝热层捆扎时应设置活动环和固定环,捆扎带从活动环向固定环呈辐射形捆扎,如图 2-3-37 所示。

图 2-3-37　封头绝热层捆扎

30. 球罐绝热层的捆扎有哪些要求?

球罐绝热层应从经向和纬向两个方向进行捆扎,捆扎如图 2-3-38 所示,并应符合下列要求:

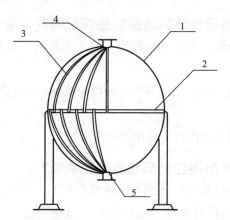

图 2-3-38　球罐绝热层捆扎示意图

1—球体;2—赤道线固定环;3—经向捆扎带;4、5—两极活动环

（1）应在上下两极设置拉紧用的活动环，在赤道处设置固定环。

（2）赤道处的固定环宜采用 – 30mm × 3mm 或 – 50mm × 3mm 的碳钢或不锈钢环。

（3）经向捆扎时，赤道区的绝热制品不得少于两道捆扎材料且间距不得大于 300mm。

（4）赤道带及上下温带间的绝热层宜再进行纬向捆扎，每块绝热制品不少于一道。

31. 绝热层浇注施工应做哪些准备工作？

（1）先进行试浇，在试浇过程中观察固化或凝结速度、浇注料颜色的变化及对固形层或模具的影响，确定浇注材料各组份的配制比例、浇注孔与排气孔的大小、一次浇注量、浇注最佳环境温度等条件。

（2）被浇注部件或部位表面应清理干净并用塑料薄膜隔离。

（3）对安装的固形层或模具做好临时加固。

32. 绝热层浇注料的配制应满足哪些要求？

（1）配制前，备齐盛装容器、搅拌工具、计量器具及测试仪器等。

（2）按用多少、配制多少、分批分次配制的原则进行浇注料的配制。

（3）配制的浇注料应搅拌均匀。

33. 绝热层浇注时应注意哪些事项？

（1）浇注料从浇注孔倒入应缓慢、均匀，浇注过程中应轻轻敲打固形层或模具两侧、底部位置，以便浇注料在模具内均匀布置。

（2）随时观察固化或凝结情况，如发现有异常时，应立即停止作业，查明原因，通过再次试浇重新确定浇注工艺。

(3)浇注完成后应对封口进行密封处理。

(4)浇注成型后轻击固形层或模具外侧，不得出现空鼓。

(5)每次配制的浇注料应在规定时间内浇注完毕，浇注完成后，盛装浇注料的容器和搅拌器具等应及时清洗干净。

34. 绝热层喷涂施工应注意哪些事项？

(1)喷涂前应设置厚度标记并分层喷涂。

(2)大面积喷涂可分段或分片进行，每段或每片应一次喷完，涂层应均匀。

(3)第一次喷涂的厚度不应大于40mm，待其固化后再进行下一次喷涂。

(4)分段或分片喷涂时，应从接茬处顺一个方向由下往上喷涂，接茬处应接合良好。

(5)喷涂施工环境温度及工件表面的温度应符合产品说明书的要求。

(6)当喷涂中发现缺陷时应立即停止作业，并查明原因，再次试喷合格后方可继续施工。

(7)施工完毕后，应将喷涂作业使用的设备与器具、非喷涂表面及时清洗干净。

35. 绝热层涂抹施工应注意哪些事项？

(1)清除设备或管道表面的油污及其他杂物。

(2)在金属表面涂抹一层底层涂料，厚度宜为5mm，并均匀压实。

(3)当绝热层涂抹厚度大于20mm时，应分层涂抹，每层厚度宜为10~15mm。

(4)前一涂层表干后再进行下一层的涂抹。

（5）层间涂抹应用力均匀，各层密实度应基本一致。

（6）涂抹施工完后，表面应进行压光处理。

36. 绝热层缠绕施工应注意哪些事项？

（1）带状绝热材料施工应符合下列要求：

a）压带缠绕时，压带宽度宜为绝热带宽度的1/2，且不应少于20mm；对接缠绕时，对接应紧密，缝隙宽度不应大于2mm并应进行严缝处理。

b）多层缠绕时，上下层宜反相缠绕。

c）接头处绝热带应压接，压接处应粘贴或捆扎牢固，压接量应不小于100mm。

（2）绳状绝热材料施工应符合下列要求：

a）相邻绝热绳应并行靠紧排列。

b）多层缠绕时，上、下层缠绕方向应相反，并应压缝缠绕。

c）接头处绝热绳头、绳尾应进行搭接并捆扎牢固，搭接量应不小于100mm。

第四章　防潮层安装

1. 胶泥结构防潮层的施工有哪些要求？

(1)第一层为阻燃型沥青玛蹄脂或防水冷胶料层，湿膜厚度不宜小于3mm。增强布可为无蜡中碱粗格平纹玻璃布，其经纬密度应不小于8×8 根/cm^2，厚度$0.1 \sim 0.2$mm，也可采用强度符合设计要求的其它纤维增强布。

(2)第二层为阻燃型沥青玛蹄脂或防水冷胶料层，湿膜厚度不宜小于3mm。

2. 包捆型防水卷材结构防潮层的施工有哪些要求？

(1)缠绕应紧密，无空鼓、翻边、褶皱，搭接均匀。

(2)端部、尾部及搭接接头部位应用粘胶带固定牢靠。

(3)端部、尾部或障碍开口处应进行密闭处理，防止潮气进入。

(4)防潮层压边不应少于20mm，接头搭接不应少于100mm。

(5)多层施工时，宜反向缠绕。

(6)同向缠绕时，应压缝搭接，且搭接均匀，松紧适度。

3. 防潮隔汽层一般在什么位置设置？

设备和管道的阀门、法兰断开处的保冷层及成型保冷支座两侧的保冷层宜设置防潮隔汽层。

4. 法兰和阀门断开处防潮隔汽层做法有什么要求？

（1）防潮隔汽层宜采用阻燃型沥青玛蹄脂或防水冷胶料等材料。

（2）断开处保冷层层间及与金属表面压接部位应形成封闭的防潮隔汽层，封闭面长度（l_1）不宜小于100mm，封闭层厚度不宜小于3mm。

（3）保冷层断开处的外露表面及端面、保冷层最外层表面及裸露的金属表面应涂抹防潮隔汽层。保冷层最外层表面及裸露的金属表面涂抹长度（l_2）不宜小于50mm。

（4）做法如图2-4-1所示。

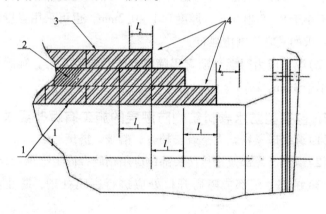

图2-4-1　法兰、阀门断开处多层保冷层防潮隔汽层示意图

1—金属表面；2—保冷层；3—本体防潮层；4—防潮隔汽层

5. 如何制作保冷成型管托防潮隔汽层？

（1）防潮隔汽层宜采用阻燃型沥青玛蹄脂或防水冷胶料等材料。

（2）保冷层端部各层间、最外层表面以及保冷层与金属外表面之间压接面及保冷层的断面宜涂抹防潮隔汽层材料形成端部封闭面，封闭面长度不宜小于 100mm，厚度不宜小于 3mm。

（3）做法如图 2-4-2 所示。

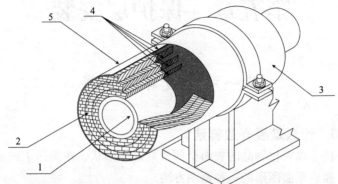

图 2-4-2 管道成型保冷支座与保冷层之间防潮隔汽层示意图

1—管道；2—管道保冷层；3—支座及支座保冷层；

4—保冷层层间、外表面及金属表面之间形成的封闭面；5—管道防潮层及保护层

第五章　保护层安装

第一节　放样与下料

1. 什么是展开放样法？

将金属板材制品的表面全部或局部的形状，在纸面上或金属板上摊成平面图形的一种画图方法。

2. 展开放样有哪几种方法？分别适用哪些范围？

（1）平行线法：当形体表面具有平行的边线或棱的构件，如圆管、矩形管、椭圆管以及由这类管所组成的各种构件。

（2）放射线法：构件表面具有汇交于一个共同点的立体，如圆锥、斜圆锥、棱锥以及这些立体的截体等。

（3）三角形法：若构件表面既无平行的边线又无集中于一点的斜边锥体时，如各种过渡接头及一切表面呈复杂形状的构件。

3. 平行线法的作图步骤有哪些？

（1）画出制件的主视图和断面图。主视图表示制件的高度，断面图表示制件的周围长度。

（2）将断面图分成若干等分，等分点越多展开图越精确。

（3）在平面图上画一条水平线等于断面图周围伸直长度并照录各点。

（4）由水平线上各点向上引垂线，取各线长对应等于主视图各素线高度。

（5）用直线或光滑曲线连接各点，便得出了制件的展开图。

4. 虾米腰弯头如何展开下料?

(1)以五节弯头为例,画主视图

a)先作一直角,以 O 为圆心,以 R 为半径画弧,交直角两边于 $1'$ 点和 $6'$ 点;将直角分成 4 等分,方法是:分别以 $1'$ 点和 $6'$ 点为圆心,以大于圆弧 $1'6'$ 一半的长度为半径画圆弧,两圆弧相交于一点,从 O 点和这一交点连一直线,并和圆弧相交得一交点 b',这条线就把直角进行了二等分,见图 2-5-1(a)。同理,分别以 $1'$ 和 b'、b' 和 $6'$ 为圆心,以大于弧长 $1'b'$ 一半的长度为半径

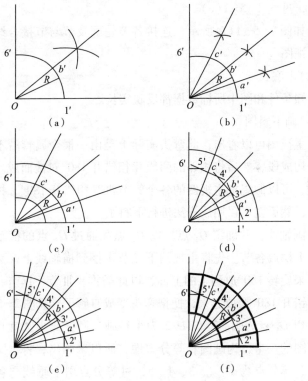

图 2-5-1 弯头主视图

画圆弧，分别得交点；从 O 点和这两交点连线，这两条线和圆弧相交分别得交点 a' 和 c'，这三条线就把直角进行了四等分，见图 2-5-1(b)。

b)以 O 为圆心，分别以 $R+D/2$、$R-D/2$ 为半径画圆弧，见图 2-5-1(c)。

c)分别过 $1'$、a'、b'、c'、$6'$ 点作直角等分线的垂线，这些垂线分别相交于 $1'$、$2'$、$3'$、$4'$、$5'$、$6'$ 点，见图 2-5-1(d)。

d)分别连接 $O2'$、$O3'$、$O4'$、$O5'$ 并延长；作直线 $1'2'$、$2'3'$、$3'4'$、$4'5'$、$5'6'$ 并与另四个圆弧相切的平行线，且两两切线相交得交点，见图 2-5-1(e)。

e)如图 2-5-1(f)所示，连接各节轮廓及节与节接合线，即画完主视图。

（2）求实长

已知条件和图中所标数据都反映实长。

（3）画下料图

从主视图可以看出，此弯头实际上是由一根金属管沿不同的角度横切成段，然后将相邻的两段互相错开 180°对接而成。为下料方便，可以假想把主视图的各个管节再互相错开 180°，把它变成直管，然后就可以用放样法进行下料了。

a)画轴线，并确定 O_1 点。以 O_1 点和通过 O_1 点的横轴线为起点向上摆放各节。先将主视图下端节Ⅰ摆到横轴线上，然后再将Ⅱ拿来旋转 180°放到Ⅰ的上面，以此类推，Ⅲ节、Ⅳ节、Ⅴ节都互相错开 180°摆放起来，便把弯头变成直管了，见图 2-5-2。

b)以 O_1 点为圆心，以 $D/2$ 为半径画半圆，此半圆就是圆管的断面图的一半，为画图和等分方便，所以未画出；将半圆进行四等分，等分点为 1、2、3、4、5，过等分点引上垂线与各节结合线相交得交点。

c)作一长方形。长方形的底边和圆管底边一个平面，上端和圆管上端一个平面，长为 πD，高为 $8H$；将底边长进行 8 等分，得等分点为 3、4、5、4、3、2、1、2、3 点；过等分点向上作垂线交于上边。

d)分别过圆管上各结合线上 1、2、3、4、5 点向右引平行线与长方形向上所引的垂线对应相交，得交点(注意：一定要点对点，线对线，即圆管结合线上的点 2 向右所引的线一定与长方形上的点 2 向上所引的线相交)。

e)在长方形上用曲线平滑地连接各交点，便完成下料图。

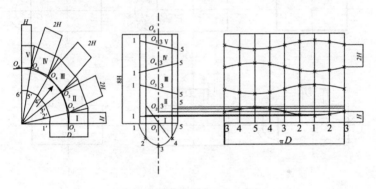

图 2-5-2　弯头展开放样图

5. 三通如何展开下料？

(1)以异径直交三通为例，画主视图

a)以 O_1 为圆心，$1/2D_1$ 为半径画支管断面半圆，并将半圆四等分，确定 1、2、3 点，见图 2-5-3(a)。

b)以 O_2 为圆心，$1/2D_1$ 为半径画半圆，并将半圆四等分(相当于将支管断面半圆向右下方旋转 $180°$)，确定 1、2、3 点；以 O_2 为圆心，$1/2D_2$ 为半径画主管断面半圆，见图 2-5-3(b)。

c)在主管上，分别过小半圆的 2、3 点作主管轴线的垂线，交于主管断面半圆的 2″、3″点，见图 2-5-3(c)。

d)过主管断面半圆的 1″、2″、3″点作主管轴线的平行线与过支管断面半圆的 1、2、3 点做支管轴线的平行线相交于 1′、2′、3′、2′、1′点，见图 2-5-3(d)。

e)用平滑曲线连接 1′2′3′2′1′点，见图 2-5-3(e)。

f)擦去辅助线、数字和符号，即完成所求，见图 2-5-3(f)。

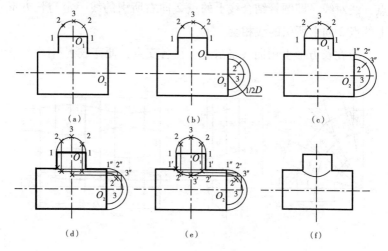

图 2-5-3　三通相贯线图

(2)求实长

主视图上所标尺寸均反映实长。

(3)画下料图

a)在主视图管Ⅰ上面画一断面图，并将其半圆周六等分，等分点依次为 1、2、3、4、3、2、1；过断面图上等分点向主视图上引垂线和结合线相交于 1、2、3、4、3、2、1 点。

b)借助主视图分别画管Ⅰ和管Ⅱ的长方形图，两长方形的长为 πD_1 和 πD_2，宽分别为 H 和 L；将管Ⅰ和管Ⅱ分别进行十二等分；在管Ⅰ长方形中过各等分点向下引垂线；在管Ⅱ长方形中过各等分点向右引水平线(因所开的孔定在中间位置,所以两边等分线可省略不画)。

c)过主视图结合线各等分点分别向右引水平线和长方形Ⅰ所引垂线对应相交得交点(注意:点对点,线对线,数字对数字);过接合线各点向下引垂线与长方形Ⅱ所引等分线相交得交点。

d)在长方形Ⅰ图和Ⅱ图上,用曲线平滑连接各交点,并将另三边用直线描深,即完成所求,如图2-5-4所示。

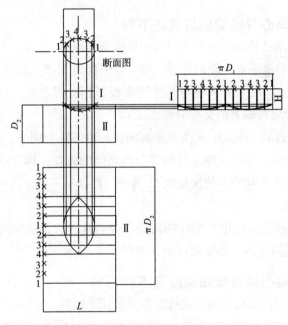

图2-5-4　三通展开放样图

6. 放射法的作图步骤有哪些?

(1)画出构件的主视图及锥底断面图。

(2)用若干等分素线划分锥面。

(3)求各素线实长。

(4)用放射线或三角形法依次将各素线围成的三角形小平面展开成平面图形，即得整个锥面的展开。

7. 三角形法的作图步骤有哪些？

(1)画出构件的必要视图。

(2)用三角形分割构件的表面。

(3)求出三角形各边的实长。

(4)按三角形次序画出展开图。

8. 同心异径管如何展开下料？

(1)用已知尺寸画出主视图和底断面半圆周。

(2)将底断面半圆六等分，等分点依次为1、2、3、4、5、6、7；过等分点向上引垂线与圆锥管底投影相交得交点，过顶点 O 向圆锥管底投影上的交点引素线。

(3)以 O 为圆心，R 为半径画圆弧；再以 O 为圆心，$R-C$ 为半径画圆弧；在断面图上量取等分点之间的弧长；再以所画底端圆弧的点1为起点，依次量取12等分，便获得了整个底中心圆的实际周长。

(4)过点向底中心圆弧的两端等分点连线，并描深两圆弧和两圆弧端点连线，即完成所求，如图2-5-5所示。

9. 偏心异径管如何展开下料？

(1)用已知尺寸画出主视图和底断面半圆周。

(2)将底断面半圆六等分，等分点依次为1、2、3、4、5、6、7；过等分点向 O 点引素线，用旋转法以 O 点为圆心，分别以 $O2$、$O3$、…、$O7$ 为半径画弧，向圆锥底面投影并旋转得交点1、2°、3°、4°、5°、6°、7点；过1、2°、3°、4°、5°、6°、7点向 O' 点引素线，这些素线均反映实长，因他们都是平行线。

(3)画下端口下料图。先确定一起点线 $O'1$（下料图上 $O'1$ 的

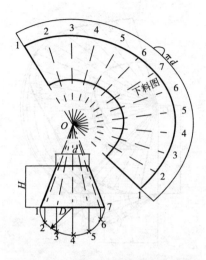

图 2-5-5　同心异径管展开放样图

确定是以 O' 为圆心，主视图上 $O'1$ 为半径画弧到下料图上确定的）；以 O' 为圆心，$O'2°$ 为半径画弧，与以下料图上点 1 为起点圆心，断面半圆上等分点之间弧长为半径所画的弧相交的交点 2；用同样的方法，以 O' 为圆心，$O'3°$、…、$O'7$ 半径画弧；然后分别以断面半圆上的等分点间弧长为半径，在下料图上以 2、3、4、…4、3、2 点为圆心画弧，与所画下一条相应的弧线相交得交点（注意：要点对点、线对线，数字序号对数字序号）

（4）画上端口下料图。以 O' 为圆心，分别以 $O'1'$、$O'2'$、…、$O'1'$ 为半径画弧，分别交于下料图的 $O'1$、$O'2$、…、$O'7$、…、$O'1$ 线上，得交点 $1'$、$2'$、$3'$、$4'$、…、$4'$、$3'$、$2'$、$1'$。在下料图上用曲线平滑地连接各交点，便画完了上口的下料曲线，如图 2-5-6 所示。

10. 天圆地方如何展开下料？

天圆地方有正口天圆地方和偏口天圆地方，是由圆到方的过

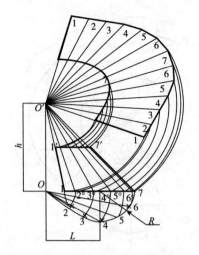

图2-5-6　偏心异径管展开放样图

渡接头，其顶部是一个圆，底部是一个正方形（或矩形），侧面是由四个三角形平面和四个四分之一的斜圆锥面所组成，锥面顶点是正方形或矩形的四个顶点。为了展开的需要，常把斜圆锥面划分为若干个三角形，最后，把变形接头的侧面各三角形平面和各斜圆锥面的展开图连续地画在一个平面上，就得到天圆地方的展开图。

图2-5-7为正口天圆地方图，作展开图步骤如下：

（1）在平面图上将上口圆周十二等分，将各等分点分别向下底的四个角 A、B、C、D 连接起来，每一个圆角部分都分为三个三角形，而三角形有一边是曲线，若将圆周分成更多等分点，曲线可近似地视作直线。

（2）A-1，A-2，A-3，A-4 在主视图和俯视图上并不反映实长，要用直角三角形法求其实长，见图2-5-7所示，用变形接头的高度和 A-1，A-2，A-3，A-4 等的水平投影作为直角两边，则直角三角形斜边为 A-1，A-2，A-3，A-4 的实长。

（3）按已知三角形三边实长作三角形的方法，作变形接头的展开图，取一线段为 $A-1$ 实长，以 A 为圆心，$A-2$ 实长为半径面弧，再以 1 点为中心，$1-2$ 弧长为半径画弧，两弧交于 2 点，△1A2 为实形，再以 2 为圆心，弧长 $2-3$ 为半径画弧，以 A 为圆心 $A-3$ 为半径画弧，两弧交于 3 点，△2A3 为实形，同样求出 △3A4 实形，得锥面 A14 展开图。用同样方法，依次类推逐步求出各三角形实形，圆滑连接各点，即可得出正天圆地方的展开图。偏口天圆地方变形接头，亦可用上述方法展开。

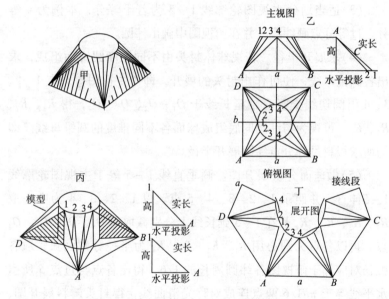

图 2-5-7　天圆地方展开放样图

11. 什么是不可展曲面？

指构件表面不能展开摊平成一个平面图形，只能用近似的方法作出其展开图。

12. 近似展开法的原理是什么?

将不可展曲面分成若干小的部分，然后将每一个小部分表面看成可展的平面、锥面或柱面进行展开。

13. 球体封头如何展开下料?

(1)用已知尺寸画出主视图和俯视图。

(2)6等分俯视图圆周，由等分点向圆心连线交于极帽，则各条连线为各板结合线的水平投影。

(3)适当划分主视图轮廓线1-5为若干等分，本例为4等分。过等分点画纬线，并在俯视图中画出纬圆。

(4)求展开半径。若视球体封头由不同锥度圆锥面组成，求出各圆锥母线，便可作出封头的展开，即由主视图等分点1、2、3、4引圆切线交竖直轴延长线于 O_1、O_2、O_3、O_4，得 R_1、R_2、R_3、R_4，可视为与纬圆同底组成球面各不同锥度的圆锥母线。即为所求板料过等分点纬圆展开半径。

(5)做球面分块展开图。画垂直线1-5等于主视图轮廓线1-5伸直，并照录1、2、3、4、5点。以1、2、3、4为中心取 R_1、R_2、R_3、R_4 长在1-5延长线上分别截取得 O_1、O_2、O_3、O_4 点。再以各点为圆心用 R_1、R_2、R_3、R_4 为半径分别画弧，取各弧长对应等于俯视图各纬圆周长的1/6，得出各点与过点5所引水平线等于 $\pi d1/6$ 两点连成对称光滑曲线，得封头瓣料展开图，如图2-5-8所示。

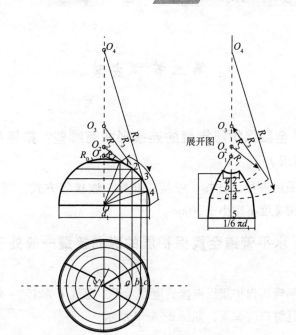

图 2-5-8 球体封头展开放样图

14. 金属保护层可采用什么方式下料?

金属保护层可采用手工、机械下料或加工,不应采用火焰等热切割方式。

15. 金属保护层下料应注意什么事项?

(1)金属保护层下料时,应进行放样;样板在使用前应进行复核,且放样样板在重复使用过一段时间后应重新放样。

(2)金属保护层应进行排版下料,以便对材料的综合利用。

第二节 安装

1. 金属保护层接缝的连接形式有哪些？搭接尺寸有什么要求？

可采用搭接、挂接、咬接、插接、嵌接等方式，当为搭接时，搭接宽度不应小于50mm。

2. 水平管道金属保护层的纵向接缝一般处于什么位置？

水平管道保护层纵向接缝应在水平中心线下方15°~45°的范围内，且缝口应朝下，如图2-5-9所示。

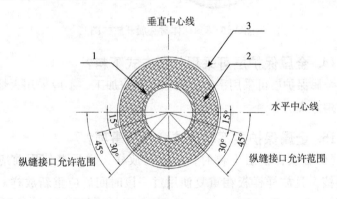

图2-5-9 管道金属保护层纵向接缝布置图

1—水平管道；2—绝热层；3—金属保护层

3. 垂直管道金属保护层纵向接缝应设置在什么位置？

垂直管道金属保护层纵向接缝应避开主导风向。

4. 金属保护层采用钉口连接时，其固定间距宜为多少？

固定间距宜为 150～200mm。

5. 金属保护层采用钢带固定时，其安装间距宜为多少？

捆扎间距宜为 250～300mm。

6. 保冷时金属保护层采用什么方式固定？

金属保护层应用钢带捆扎，只有在特殊情况下可采取钉接或铆接，包括以下几个方面：

(1)遇障碍开口，捆扎不易实施部位。

(2)阀门、法兰等采用绝热盒的部位。

(3)补强、补口等局部固定部位。

(4)三通、变径管接口部位。

(5)异形或其它无法实施钢带捆扎部位。

(6)设计文件特别允许的部位。

7. 当保冷的金属保护层采用钉口连接时，必须采取什么措施？

(1)防潮层与保护层之间应设置隔垫。隔垫材质应与金属保护层相同或使用厚度超过6mm的橡胶或塑料隔垫；隔垫的宽度不应小于75mm。

(2)使用自攻螺丝时宜采用平头螺丝且螺杆长度不宜超过5mm。

(3)限制钻孔深度。

8. 什么情况下，金属保护层障碍开口缝隙应涂防水胶泥或密封剂或加设密封带？

(1)保温时，露天或潮湿环境中设备或管道易呛水的障碍开口部位。

(2)保冷时，所有室内外设备或管道障碍开口部位。

9. 如何制作金属保护层伸缩缝?

（1）伸缩缝应采用活动搭接方式，搭接余量不应小于100mm并用钢带固定。

（2）绝热层为硬质材料时，保护层伸缩缝应与绝热层设置的伸缩缝位置相一致。

（3）绝热层为半硬质和软质绝热材料时，金属保护层的伸缩缝间距，应符合表2-5-1的规定。

表2-5-1　保护层伸缩缝设置间距

介质温度 $t/℃$	间距/m
$t≤350$	4~6
$t>350$	3~4

10. 如何安装三通金属保护层?

三通金属保护层位置不同做法不同，各种做法如下:

（1）水平支管与垂直主管相交时水平支管保护层先行施工，垂直主管按支管保护层外径开口，水平支管保护层插入垂直主管保护层开口内，端口宜向外折边不小于10mm，如图2-5-10所示。

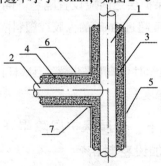

图2-5-10　水平支管与垂直主管相交时金属保护层示意图

1—垂直主管；2—水平支管；3—垂直主管绝热层；4—水平支管绝热层；

5—垂直主管保护层；6—水平支管保护层；7—接缝处密封胶

（2）垂直支管与水平主管在水平管下部相交时垂直支管保护层先行施工，水平主管保护层按支管保护层外径开口，垂直支管保护层插入水平主管开口内，端口宜向外折边不小于10mm，如图2-5-11。

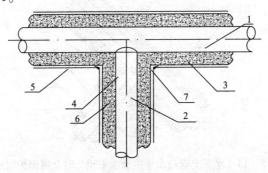

图2-5-11　垂直支管与水平主管在水平管上部相交时金属保护层示意图

1—水平主管；2—垂直支管；3—水平主管绝热层；4—垂直支管绝热层；
5—水平主管保护层；6—垂直支管保护层；7—接缝处密封胶

（3）垂直支管与水平主管在水平主管上部相交时水平主管保护层先行施工，垂直支管端部按马鞍形折边与水平主管对接，端口折边不小于10mm，如图2-5-12所示。

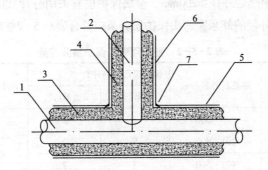

图2-5-12　垂直支管与水平主管在水平管上部相交时金属保护层示意图

1—水平主管；2—垂直支管；3—水平主管绝热层；4—垂直支管绝热层；
5—水平主管保护层；6—垂直支管保护层；7—接缝处密封胶

（4）水平支管与水平主管在水平面相交时支管保护层先行施工，主管保护层按支管保护层外径开口，支管保护层插入主管保护层开口内，端口宜向外折边不小于10mm，如图2-5-13所示。

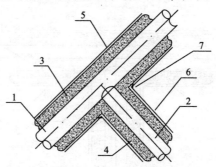

图2-5-13　水平支管与水平主管水平相交时金属保护层示意图

1—水平主管；2—水平支管；3—水平主管绝热层；4—水平支管绝热层；

5—水平主管保护层；6—水平支管保护层；7—接缝处密封胶

11. 如何安装弯头金属保护层？

（1）绝热后外径＜200mm弯头，其金属保护层宜采用成型弯头。当采用分片式的虾米腰弯头时，应不少于3片。

（2）绝热后外径≥200mm，金属保护层宜采用分片式的虾米腰弯头，不同外径的虾米腰弯头保护层分节应符合表2-5-2规定。

表2-5-2　虾米腰弯头保护层分节数

序号	绝热后外径/mm	保护层弯头分片数		弯头弯曲半径 R
		中节/片	边节/片	
1	200～300	3	2	$R = 1.5DN$
2	301～400	5	2	
3	401～500	7	2	
4	＞500	11	2	

注：DN 为管子公称直径，其他弯曲半径应视具体情况增加分节数或减少分节数。

（3）弯头保护层安装，环向接口可采用咬口或搭口形式，纵向接口可采用钉口形式，如图2-5-14所示。

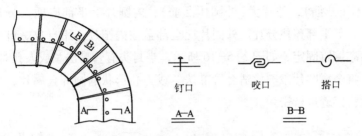

钉口　　　咬口　　　搭口

A—A　　　　　B—B

图2-5-14　虾米腰弯头金属保护层安装示意图

12. 如何安装封头金属保护层？

（1）立式设备上封头顶部保护层施工后，应用宽60～80mm的圆环金属片将封头管开口周围绝热层压实固定，上部封头还应作防水处理，如图2-5-15所示。下底封头保护层施工后，应在封头管开口保护层内、外两侧均加设金属圆片，防止雨水流入绝热层内。当下底封头无管开孔时，还应在下底中心处钻一个ϕ6mm的排水孔。

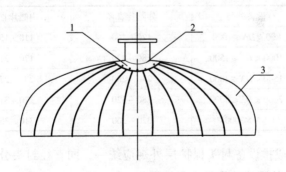

图2-5-15　立式设备封头保护层防水处理示意图

1—金属圆环片；2—缝隙抹密封剂；3—封头金属保护层

（2）卧式设备的封头保护层施工时，当无人孔或管嘴法兰时，封头顶部应用两个圆金属片一内一外将中心封堵，其中内片小（不压凸筋），外片大（外圆压凸筋），内圆片上半部应插入分片内，下半部盖住分片。外圆片应全部盖住内圆片，用自攻螺钉或抽芯铆钉固定，如图2-5-16所示，当封头有管嘴法兰或人孔时，可将金属圆片裁剪成适合管嘴法兰或人孔形状的圆环金属片，最后将接缝进行密封。

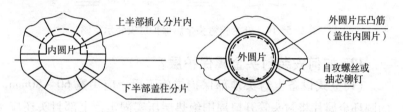

图2-5-16　卧式设备封头处的中心

（3）封头保护层封堵内、外圆片的规格应符合表2-5-3的规定。

表2-5-3　封头保护层内外圆片规格表　　单位：mm

序号	设备外径	外圆片直径	内圆片直径
1	$800 < DN \leqslant 1000$	120~160	110~150
2	$1000 < DN \leqslant 1500$	180~220	170~210
3	$1500 < DN \leqslant 2000$	240~280	230~270
4	$2000 < DN \leqslant 3000$	280~320	270~310
5	$DN > 3000$	320~360	310~350

（4）成排设备封头保护层外观应统一，同直径封头分片应相同，封堵外圆片的直径也应相同。

13. 如何安装异径管金属保护层？

安装时大小头两端的凸筋应压在上、下直管端部的凸筋上部并用自攻螺丝固定，接缝用防水胶泥或密封胶密封，如图 2-5-17 所示。

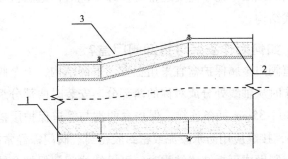

图 2-5-17　异径管金属保护层安装示意图

1—下直管保护层；2—上直管保护层；3—大小头保护层

14. 如何制作安装管帽保护层？

管道管帽的金属保护层应环向压凸筋，并用与绝热外径相同、斜度 20°~30°的圆环锥片卡在凸筋内予以封堵，圆环片搭口朝下，接缝用密封胶密封，如图 2-5-18 所示；当绝热后外径大于 600mm，按设备封头执行。

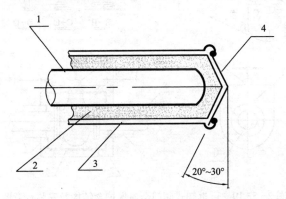

20°~30°

图 2-5-18　管道管帽的金属保护层结构示意图

1—管道末端；2—绝热层；3—金属保护层；4—圆环锥片

15. 什么情况下必须采用可拆卸式绝热盒结构？

当阀门或法兰处于需要经常可拆卸工况时，绝热盒需制作成可拆卸式结构。

16. 如何制作安装可拆卸阀门盒？

管道阀门金属保护盒宜采用上方、下圆结构，上至阀杆密封处。制作时从轴线处分成对称的两部分。安装时两部分组对接缝宜采用 30~35mm 插条连接，保护盒两端与管道保护层搭接不小于 30mm，接缝应用防水胶泥或密封胶密封。阀门需经常拆卸时，保护盒应制做成可拆卸式结构时，可拆卸式阀门保护盒结构及安装如图 2-5-19 所示。

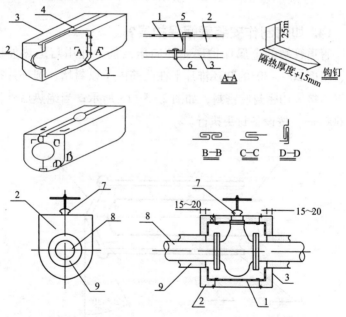

图 2-5-19　可拆卸式阀门金属保护盒结构及安装示意图

1—铁丝网；2—阀门盒绝热层；3—保护层；4—插条；5—金属钩钉；

6—固定螺钉；7—阀门；8—管道；9—管道绝热层

17. 如何制作安装可拆卸法兰盒？

法兰需要经常拆卸时，保护盒应制做成可拆卸式结构。管道法兰金属保护盒宜采用两个对称的半圆结构的保护盒对接。安装时两端与管道绝热保护层搭接不小于30mm，两个对称的半圆形保护盒对接缝宜采用30~35mm插条连接。与管道保护层搭接形成的接缝应用防水胶泥或密封胶密封。可拆卸式法兰保护盒结构及安装如图2-5-20所示。

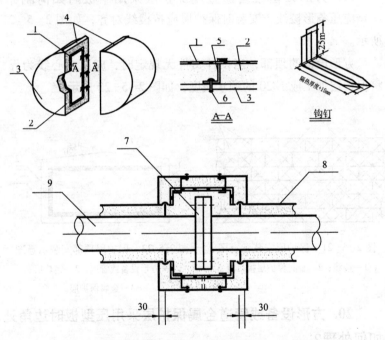

图2-5-20 可拆卸式法兰保护盒结构及安装示意图

1—铁丝网；2—法兰盒绝热层；3—保护层；4—插条；5—金属钩钉；

6—固定螺钉；7—法兰；8—管道保护层；9—管道

18. 可拆卸绝热盒与不可拆卸绝热盒有什么区别？

（1）可拆卸盒子是指要求维护的位置，绝热层固定在外保护层上，能被轻易分开，外保护层是通过盒子上的扣件或者不锈钢带固定的。

（2）不可拆卸盒子是指不要求维护的位置，绝热层固定在阀门或法兰上，外保护层是通过盒子上的螺钉固定的。

19. 方形设备或管道金属保护层采用平板时如何制作？

应压菱形棱线，安装时保护层应按棱线对齐，如图 2-5-21 所示。

方形设备的顶部，当设计文件无规定时，应以中心线为界，将保护层加工成 1/20 的顺水坡度，如图 2-5-22 所示：

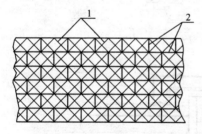 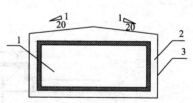

图 2-5-21　保护层安装示意图　　　图 2-5-22　保护层顶部安装示意图

1—棱线；2—金属保护层接口线　　　1—方形设备或管道；2—绝热层；

3—金属保护层

20. 方形设备或管道金属保护层采用压型板时边角处如何处理？

应安装包角封闭，如图 2-5-23 所示。

图 2-5-23 包角

21. 保温在法兰中断处如何处理？

法兰断开处可采用与保护层相同的材料加工成圆环片覆盖，圆环片与保护层及金属表面的接缝用防水密封胶泥密封，当为法兰下方断开时，其圆环片应做成散水坡状施工如图 2-5-24 所示。

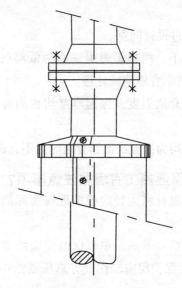

图 2-5-24 封堵

22. 绝热层之间或绝热层与其他物体发生碰撞时如何处理？

施工现场碰撞是不可避免的，设备、管道、钢结构或其它物体相互之间空间距离太小相互冲突，通常这些位置保温厚度是要做消减的，具体做法如图2-5-25所示。

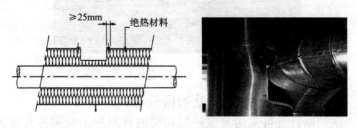

图2-5-25 碰撞做法

23. 发生碰撞时绝热层厚度在做消减处理时应注意什么事项？

（1）一定要经过设计同意。

（2）一般情况下，两根管道中一根为低温（或高温）管道时，低温（或高温）管道不宜做消减处理。

（3）两根管道介质温度及保温厚度均相同时，两根管道应同时进行消减处理。

（4）两根管道均为高温或低温管道时，不宜进行消减处理。

24. 伴热线保温施工有哪些注意事项？

（1）伴中：保温材料内径应根据现场实际加大，安装时不得堵塞加热空间。

（2）伴前、伴后：不满足单根保温安装的成排管道，宜采用板类绝热制品，外保护层应制作成方形压筋结构，如图2-5-26所示。

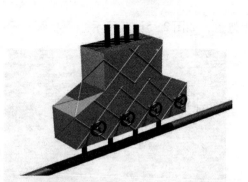

图2-5-26　小直径成排管道做法

25. 仪表保温有什么要求？

（1）控制阀：按照管道阀门保温方案执行。

（2）物位仪表：按照管道保温方案执行，有数值显示的必须裸露，不得遮盖，如图2-5-27所示。

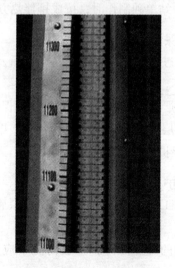

图2-5-27　液位计做法

（3）流量仪表：按照管道保温方案执行，有数值显示的必须裸露，不得遮盖，如图 2-5-28 所示。

图 2-5-28 流量计保温

（4）仪表管线：宜采用硅酸铝绳加铝箔的结构缠绕施工，当伴热分配站及收集站单独制作时，按成排伴热方式制作。

26. 电伴热保温需要注意哪些事项？

（1）保温前应进行回路绝缘测试，合格后及时保温，避免长时间裸露造成破坏。

（2）垂直管线严禁在伴热线上设置抱箍式保温支撑圈。

（3）金属保护层钻孔时严禁使用长钻头，电钻穿透金属外保护层位置应加软保护以免伤及电伴热。

27. 如何防护完工的金属保护层？

（1）保护层施工时，应分区、分片、分层施工，防止在同一区域内反复作业。

（2）应有合理的施工顺序，一般情况下应先高层，后下层、地面层。

（3）施工验收合格后应及时挂设标志牌、警示牌，或进行区域围护。

（4）同一区域内重复作业时，应搭设走廊、走台或过道。

（5）当需要在已绝热施工完毕的设备或管道上进行修改作业时，应首先通知绝热作业单位派人前往拆除。作业完成后再通告绝热作业单位进行恢复。

（6）必须横穿绝热管线时，应铺设跳板或临时过道，不在绝热后的设备或管道上行走，以保证保护层不被压扁或踩坏。

（7）不应将重物放置在绝热后的设备、管道上，防止重物压坏绝热层及保护层。

（8）在绝热后的设备或管道附近进行吊装施工时，应核对吊装物件的尺寸及行走路线，防止吊装物碰到保护层，以防止保护层遭到损坏。

28. 布、箔类材料的施工有哪些要求?

毡、箔、布类保护层可采用铺贴或缠绕方法施工，并应符合下列规定：

（1）保护层包缠前，绝热层外表面应清洁、干燥、平整。

（2）管道和障碍较少的设备直段宜采用缠绕法。障碍较多时可采用铺贴法。障碍开口缝隙应用密封胶密封。

（3）缠绕或铺贴应紧密，表面应平整、无松脱、无空鼓、翻边、褶皱，搭接均匀，外观整齐、美观。

（4）端部、尾部及搭接接头应采用捆扎或粘胶带粘接，并固定牢靠。

第三篇　质量控制

第一章 质量检验

1. 什么是检验批？如何划分？

（1）检验批是按同一生产条件或按规定方式汇总起来供检验用的，由一定数量样本组成的检验体。

（2）检验批划分应根据工程特点，施工及质量控制和专业验收需要按系统或区段进行划分。

（3）设备应以单台划分为一个检验批。

（4）管道可按相同介质、相同压力等级，视工程量大小划分为一个或若干个检验批。

2. 什么是主控项目？

主控项目是安装工程中对工程建设安全与使用功能、健康与环境保护起决定性作用的检验项目。

3. 绝热工程主要包括哪些主控项目？

（1）材料：所有绝热材料的材质、规格和性能应符合设计要求或相关产品标准的规定。

（2）金属保护层安装：应按规定嵌填密封剂或在接缝处包缠密封带。

4. 什么是一般项目？

一般项目是安装工程中除主控项目外的检验项目。

5. 如何判定检验批合格？

检验批质量验收合格应符合下列规定：

（1）主控项目应符合规范的规定。

（2）一般项目每项抽检的处（点）均应符合规范的规定。有允许偏差要求的项目每项抽检的点数中，有 80% 及其以上的实测值在规范规定的允许偏差范围内。

6. 当验收结果不合格时，如何处理？

（1）经返工或返修的检验批应重新进行验收。

（2）经有资质的检测单位检测鉴定能够达到设计要求的检验批，应予以验收。

（3）经有资质的检测单位检测鉴定达不到设计要求，但经原设计单位核算认可，能够满足结构安全和使用功能的检验批，可予以验收。

（4）经返修或加固处理的分项、分部工程，虽然改变外形尺寸但仍能满足安全使用要求，可按技术处理方案和协商文件进行验收。

（5）经过返修或加固处理仍不能满足安全使用要求的工程，严禁验收。

7. 绝热层、防潮层、保护层的检查数量应符合什么要求？

（1）绝热工程施工质量检查应按检验批进行，每一个检验批均应进行检查。

（2）设备面积每 $50m^2$ 或不足 $50m^2$，管道长度每 50m 或不足 50m 时，均应抽查 3 处。设备每处检查面积应为 $0.5m^2$，设备及管道每处检查布点不应少于 3 个。当同一设备的面积超过 $500m^2$ 或同一管道的长度超过 500m 时，取样检查处的间距可适当增大。

（3）可拆卸式绝热层的检查数量为每 50 个或不足 50 个均应

抽查 3 个。

(4)当质量检查中有一处不合格时，应在不合格处附近加倍取点复查，仍有一处不合格时，应认定该处为不合格。

8. 绝热前检查项目有哪些？

(1)系统强度试验合格，否则应预留所有焊接及螺栓连接位置。

(2)油漆涂层完好。

(3)伴热测试合格。

(4)保温支承件安装合格。

(5)表面清洁干燥。

9. 固定件、支承件的安装质量要求有哪些？

固定件、支承件的安装应牢固、垂直，间距应均匀，长短应一致，自锁紧板不得向外滑动，安装应符合设计要求。

10. 绝热层检查项目有哪些？

(1)材料使用顺序及规格型号。

(2)错缝及压缝。

(3)拼接缝间隙。

(4)接缝密封或粘接材料的应用。

(5)捆扎材料的使用和间距。

(6)硬质绝热材料的伸缩缝设置。

(7)冷保附件延伸。

(8)螺栓拆卸预留距离。

(9)与相邻构件的间隙，铭牌清晰可见。

(10)表面干燥、无污染。

11. 绝热层安装厚度的允许偏差为多少？

绝热层安装厚度的允许偏差应符合表 3-1-1 的规定。

表3-1-1　绝热层安装厚度的允许偏差和检验方法

项　　目			允　许　偏　差	检　验　方　法
厚度	嵌装层铺法、捆扎法、拼砌法及粘贴法	保温层 硬质制品	+10mm -5mm	尺量检查
		半硬质及软质制品	+10%，但不得大于+10mm -5%，但不得小于-8mm	针刺、尺量检查
		保冷层	+5mm 0	针刺、尺量检查
	填充法、浇注法及喷涂法	绝热层厚度>50mm	+10%	填充法用尺测量固形层与工件间距检查。浇注及喷涂法用针刺、尺量检查
		绝热层厚度≤50mm	+5mm	

12. 伸缩缝宽度有什么要求?

伸缩缝宽度允许偏差为0~5mm。

13. 防潮层检查项目有哪些?

(1)厚度。

(2)搭接尺寸。

(3)外观。

14. 防潮层的表面应符合什么要求?

防潮层表面应平整、接缝应紧密,厚度应均匀一致,并应无翘口、脱层、开裂、明显空鼓、褶皱等现象。

15. 保护层检查项目有哪些?

(1)材料使用。

(2)接缝是否满足顺水搭接。

(3)搭接尺寸。

(4)固定材料的使用和间距。

(5)伸缩缝的设置。

(6)排水孔的设置。

(7)密封材料的应用。

（8）垂直部分"S"形挂钩的应用。

（9）阀门、法兰中断位置的封堵保护。

（10）外观。

16. 金属保护层的外观应符合什么要求？

金属保护层的外观应无翻边、豁口、翘缝和明显凹坑，外表应整齐美观，开口障碍适合。

17. 采用毡箔布类、防水卷材、玻璃钢制品等包缠型保护层的外观有什么要求？

外观应无松脱、翻边、豁口、翘缝、气泡等缺陷，表面应整洁美观。

第二章 常见质量问题

1. 如何处理保温材料厚度偏心？

保温材料厚度偏心如图3-2-1所示。

（1）产生原因：材料没有进行自检，直接放行出厂。

（2）处置方法：退货。

（3）预防纠正措施：材料检查与验收过程应严格控制质量，不合格的材料杜绝放行。

图3-2-1 保温材料厚度偏心

2. 如何处理泡沫玻璃预制缝粘贴不饱满、有间隙？

泡沫玻璃预制缝粘贴不饱满、有间隙如图3-2-2所示。

（1）产生原因：材料没有进行自检或现场再加工时尺寸不精

确或粘结剂涂抹不符合规范要求。

（2）处置方法：

a）如果是在材料检查环节出现问题，导致不合格材料进入现场，则需要加强对材料的检查与验收。对严重不合格的作退货处理；对在现场可修复的，经修复并再次检查合格后方可使用。

b）如果是对材料进行二次加工时出现的尺寸偏差，首先需要对计量器具、切割工具等进行检查，看是否符合加工要求。如不符合则需要替换合格的加工机具进行加工。如果是操作技能未达到要求，则需进行技能培训或更换符合要求的操作人员。

c）粘结剂未按规范满涂，则需要对作业人员做好施工技术交底，同时加强作业人员技能操作的培训。

（3）预防纠正措施：加强材料的检查验收和作业人员的技能培训。

图 3-2-2 泡沫玻璃预制缝隙

3. 如何处理保温材料破损？

保温材料破损如图 3-2-3 所示。

（1）产生原因：材料没有做好成品保护。

（2）处置方法：使用前应将掉角部位打磨或修复。

（3）预防纠正措施：材料在装箱、搬运过程中要轻拿轻放。

图 3-2-3　掉角

4. 如何处理成卷（箱）金属保护层锈蚀？

（1）产生原因：存储不当，在潮湿的空气、水分或其他电解质的作用下，表面易遭受腐蚀而变坏，严重时将成为废品。

（2）处置方法：宜在室内存放，当在室外时，必须做好防护。

（3）预防纠正措施：认真了解材料的性能。

5. 如何处理绝热层应分层而未分层的情况？

（1）产生原因：未严格执行规范，材料在采购时未进行说明。

（2）处置方法：退货。

（3）预防纠正措施：材料采购订单对技术参数应予以明确。

6. 如何处理支承环安装不规范的情况？

支承环安装不规范的情况如图 3-2-4 所示。

（1）产生原因：对规范理解不透、员工责任心不强，质量意识差。

（2）处置方法：拆除原不规范的支承环，重新安装符合要求的支承环。

（3）预防纠正措施：严格按规范操作，加强技术交底，过程中做好"三检"及工序交接，严格执行上道工序不合格不得进入下道工序作业的要求。

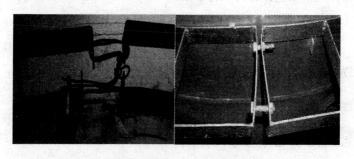

图 3-2-4　支撑环安装

7. 如何处理支承件位置设置不对的情况？

(1)产生原因：未严格执行规范，作业人员工艺纪律的执行力较差。

(2)处置方法：严格按设计及施工规范的要求进行修改。

(3)预防纠正措施：对作业人员进行针对性培训，加强技术交底，严格工艺纪律的执行。

8. 材料使用环境因素不符合产品性能要求怎么办？

(1)产生原因：不了解材料的性能。

(2)处置方法：凡是有温度要求的材料，如粘结剂、密封胶等，必须在其允许的环境下使用。

(3)预防纠正措施：认真阅读材料的使用说明书，了解材料的性能指标。

9. 如何处理抱箍式支承件紧固不紧，容易滑落的情况？

(1)产生原因：未设置隔垫或螺栓紧固不紧。

(2)处置方法：严格按设计及施工规范的要求进行施工。过程中加强检查。对低温管道应考虑因低温冷缩对支承件紧固的影响。

（3）预防纠正措施：对作业人员进行针对性培训，加强技术交底，严格工艺纪律的执行。

10. 如何处理绝热层分层不均的情况？

（1）产生原因：未严格执行规范，作业人员工艺纪律的执行力较差。

（2）处置方法：严格按设计及施工规范的要求进行修改。

（3）预防纠正措施：加强对作业人员的技能培训，加强技术交底工作，严格工艺纪律的执行。

11. 如何处理材料厚度不足或以薄代厚的情况？

（1）产生原因：材料使用时，未认真与图纸核实、错领、错用、错发。多层施工时，未考虑累计偏差对总厚度的影响。

（2）处置方法：加强材料的检查与验收。对入库材料要进行标识和标识移植。认真核对图纸，加强过程抽查。多层施工时，应按总厚度考虑材料偏差。

（3）预防纠正措施：严肃工艺纪律，严格材料保管、入库、发放及领用程序。过程中做好技术交底与过程抽查。

12. 如何处理绝热层拼缝间隙大的情况？

绝热层拼缝间隙大的情况如图 3-2-5 所示。

图 3-2-5　绝热层拼缝

（1）产生原因：对规范的基本要求掌握不够，技术方案与技术交底未明确或针对性不足。

（2）处置方法：用相同的材料填塞严实。

（3）预防纠正措施：加强规范的学习。加强施工技术方案的编审与技术交底的针对性。过程中做好"三检"及工序交接，严格执行上道工序不合格不得进入下道工序作业的要求。

13. 如何处理绝热层对接面存在内三角缝的情况？

绝热层对接面存在内三角缝的情况如图 3-2-6 所示。

（1）产生原因：员工技能与责任心未达到要求，未严格执行工艺纪律，技术交底针对性不强。

（2）处置方法：拆除，修正角度后重新安装。

（3）预防纠正措施：对作业人员进行针对性培训，加强技术交底，严格工艺纪律的执行。

图 3-2-6 三角缝

14. 如何处理密封胶没有满涂的情况？

密封胶没有满涂的情况如图 3-2-7 所示。

（1）产生原因：未严格执行工艺纪律。员工责任心不强，过程检查不到位。

（2）处置方法：拆除，重新施工。

（3）预防纠正措施：对作业人员进行针对性培训，加强技术交底，严格工艺纪律的执行。

图3-2-7　密封胶没有满涂

15. 如何处理密封胶填缝的情况？

密封胶填缝的情况如图3-2-8所示。

（1）产生原因：未严格执行工艺纪律，员工责任心不强，过程检查不到位。

（2）处置方法：拆除，重新施工。

（3）预防纠正措施：对作业人员进行针对性培训，加强技术交底，严格工艺纪律的执行。

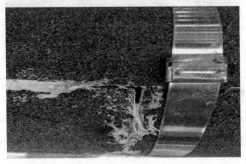

图3-2-8　密封胶填缝

16. 如何处理水平管道绝热层接缝位置未处于水平中心线上下45°范围内的情况?

(1)产生原因:对规范的基本要求掌握不够。技术方案与技术交底未明确或针对性不足。

(2)处置方法:按规范要求重新进行处理,确保绝热层的纵向接缝在水平中心线上下45°范围内。

(3)预防纠正措施:对作业人员进行针对性培训,加强技术交底,严格工艺纪律的执行。严格执行上道工序不合格不得进入下道工序作业的要求。

17. 如何处理绝热层纵缝形成通缝的情况?

(1)产生原因:未严格掌握规范的要求,施工随意,员工责任心不强,质量意识差。

(2)处置方法:拆除,按规范重新施工。

(3)预防纠正措施:做好规范与施工技术要求的培训,加强规范宣传,过程中做好检查。

18. 如何处理绝热材料绑扎分布不均且间距过大的情况?

绝热材料绑扎分布不均且间距过大的情况如图3-2-9所示。

(1)产生原因:未严格掌握规范的要求,施工随意,员工责任心不强,质量意识差。

(2)处置方法:对间距过大的部位补充捆扎材料。

(3)预防纠正措施:做好规范与施工技术要求的培训,加强规范宣传,过程中做好检查。

图 3-2-9 绝热材料绑扎

19. 如何处理绑扎材料螺旋形缠绕的情况？

绑扎材料螺旋形缠绕的情况如图 3-2-10 所示。

图 3-2-10 螺旋形缠绕

（1）产生原因：未严格掌握规范的要求，施工随意，员工责任心不强，质量意识差。

（2）处置方法：拆除，重新绑扎并符合"不得采用螺旋缠绕捆扎"的要求，间距应符合规范规定。

（3）预防纠正措施：做好规范与施工技术要求的培训，加强施工技术交底，过程中做好检查。

20. 如何处理阀盖没有保温的情况？

阀盖没有保温的情况如图3-2-11所示。

(1)产生原因：对规范理解不透彻，对工艺纪律执行不严格。

(2)处置方法：拆除，阀门保温范围应包括阀体、阀盖。

(3)预防纠正措施：加强职工的技能培训工作。

图3-2-11　阀盖无保温

21. 如何处理保冷附件没有延伸的情况？

保冷附件没有延伸的情况如图3-2-12所示。

(1)产生原因：对规范理解不透彻，对工艺纪律执行不严格。

(2)处置方法：拆除，保冷附件延伸4倍保冷厚度距离。

(3)预防纠正措施：加强职工的技能培训工作。

图3-2-12　保冷附件未施工

22. 如何处理安装好的保温材料遭受雨淋的情况？

安装好的保温材料遭受雨淋的情况如图 3-2-13 所示。

（1）产生原因：未及时掌握天气情况，对防护材料预备不足。员工未严格执行绝热层铺设完成后应及时包覆防潮层的保护要求。

（2）处置方法：淋湿部位更换。

（3）预防纠正措施：随时关注天气变化，严格执行工艺纪律，保温报验合格后及时进行防潮层或外保护层的施工。

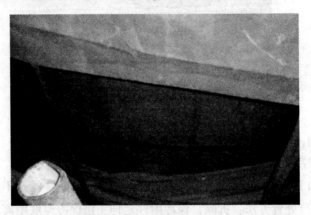

图 3-2-13　保温遭受淋雨

23. 如何处理胶污染的情况？

胶污染的情况如图 3-2-14 所示。

（1）产生原因：员工责任心不强，未严格执行工艺纪律。

（2）处置方法：污染部位用稀释剂清洗并重新补刷油漆。

（3）预防纠正措施：严格执行工艺纪律，施工过程中做好成品、半成品的防护措施。

24. 如何处理防潮层破损的情况？

防潮层破损的情况如图 3-2-15 所示。

图 3-2-14　胶污染

（1）产生原因：员工责任心不强，施工时未做好保护。

（2）处置方法：尽可能减少铆钉的使用，如必须使用，在铆钉的位置预安装一块厚度至少为 0.8mm 的外保护层板并固定；金属板安装前使用柔性防火材料保护边角；安排专人旁站监督。

（3）预防纠正措施：对冷保管线外保护层安装人员进行质量宣贯，加强对防潮层保护的意识。

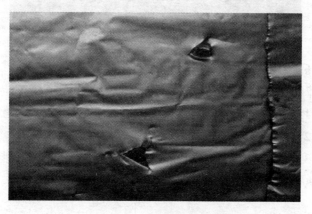

图 3-2-15　防潮层破损

25. 如何处理反工序安装的情况？

反工序安装的情况如图3-2-16所示。

（1）产生原因：未严格执行规范，严重违反施工工艺。

（2）处置方法：拆除水平主管外保护层，垂直直管保冷层及防潮层安装完毕后再安装外保护层，严禁保冷层安装在外保护层上。

（3）预防纠正措施：加强对作业人员的技术交底，强化工艺纪律的执行力度，加强过程检查。

图3-2-16　反工序安装

26. 如何处理障碍开口不规范的情况？

障碍开口不规范的情况如图3-2-17所示。

（1）产生原因：员工技能不过关，责任心不强，质量意识差。

（2）处置方法：拆除，重新施工。

（3）预防纠正措施：加强职工的技能培训工作与技能考核，严格执行工艺纪律，加强过程检查。

图 3-2-17　障碍开口不规范

27. 如何处理管线/设备运行后受热膨胀外保护层脱节的情况?

(1)产生原因:外保护层施工未按要求留设伸缩缝。

(2)处置方法:拆除,按规定间距设置伸缩缝,采用钢带固定,搭接尺寸不小于100mm。

(3)预防纠正措施:加强职工的技能培训工作和作业前的技术交底工作,加强过程检查。

28. 如何处理伸缩缝处使用螺钉固定的情况?

伸缩缝处使用螺钉固定的情况如图 3-2-18 所示。

(1)产生原因:对规范理解不透彻,对工艺纪律执行不严格。

(2)处置方法:拆除,更换金属外保护层,伸缩缝处严禁使用螺钉固定。

(3)预防纠正措施:加强职工的技能培训工作。

图 3-2-18　伸缩缝使用螺钉固定

29. 如何处理没有膨胀间隙的情况？

没有膨胀间隙的情况如图 3-2-19 所示。

(1)产生原因：对规范理解不透彻，施工方案及施工技术交底缺少针对性。

(2)处置方法：对于图 3-2-19(a)，应拆除，更换金属外保护层，并不得与导向接触；对于图 3-2-19(b)，保温前应进行格栅板扩孔，确保扩孔后的直径能满足保温厚度要求。

(3)预防纠正措施：加强对规范的学习。针对特殊部位，在施工方案中应提出具体的施工技术要求，强化对特殊部位的技术交底。

(a)　　　　　　　　　　(b)

图 3-2-19　管线没有膨胀间隙

30. 如何处理螺栓拆卸距离不足的情况？

螺栓拆卸距离不足的情况如图 3-2-20 所示。

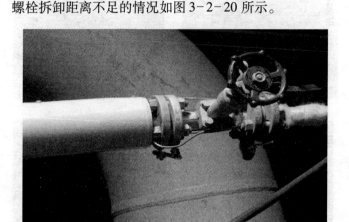

图 3-2-20 螺栓拆卸距离不足

（1）产生原因：对规范理解不全面。员工基本技术较差、责任心不强、工作随意。

（2）处置方法：拆除并修复，自法兰端面起，留出螺栓的拆卸距离。

（3）预防纠正措施：加强员工的基本技能培训与考核，加强过程的检查。

31. 如何处理金属外保护层呛水的情况？

金属外保护层呛水的情况如图 3-2-21 所示。

（1）产生原因：违反工艺纪律。

（2）处置方法：拆除，对于图 3-2-21（a），应做成一个封闭的；对于图 3-2-21（b），水平弯头应重新下料，使纵向接缝处于 3 点或 9 点方向，如图 3-2-22。对于图 3-2-21（c），垂直支管应压 10mm 翻边并与水平主管搭接，如图 3-2-23 所示；对于图

图 3-2-21　金属外保护层呛水

3-2-21(d)，水平支管应压 10mm 翻边并插入到垂直主管内，如图 3-2-24 所示；对于图 3-2-21(e)，铭牌位置应设置泛水板，当保温厚度大于铭牌高度时，应做成喇叭口状，如图 3-2-25 所示；对于图 3-2-21(f)，法兰下方的金属封堵应做成散水状，并搭接在管线上，如图 3-2-26 所示。

纵向搭接位置

图3-2-22 正确的水平弯头搭接　图3-2-23 正确的垂直支管与
水平主管搭接

图3-2-24 正确的水平支管与垂直　图3-2-25 铭牌泛水板
主管搭接

(3)预防纠正措施：加强对规范的学习，针对特殊部位，在施工方案中提出具体的施工技术要求，强化对特殊部位的技术交底。

图3-2-26 法兰下方封堵

32. 如何处理金属外保护层钻眼错位的情况？

金属外保护层钻眼错位废弃的孔洞的情况如图3-2-27所示。

(1)产生原因：员工责任心不强，质量意识差。

(2)处置方法：拆除，更换金属外保护层。

(3)预防纠正措施：加强质量意识宣贯，认真做好自检工作。

图3-2-27　废弃的孔洞

33. 如何处理小口径管线金属外保护层环纵向搭接有缝的情况？

小口径管线金属外保护层环纵向搭接有缝的情况如图3-2-28所示。

图3-2-28　环纵向搭接缝

（1）产生原因：螺钉间距过大。

（2）处置方法：缩小螺钉间距。

（3）预防纠正措施：进行必要的技术培训，提高员工的质量意识。

34. 如何处理失效的 S 形挂钩的情况？

失效的 S 形挂钩的情况如图 3-2-29 所示。

图 3-2-29 失效的挂钩

（1）产生原因：员工技能水平不足。员工责任心不强，质量意识差。

（2）处置方法：重新安装，应确保外露长度一致，与外保护层紧贴，安装时均匀分布。

（3）预防纠正措施：对员工进行基本技能的培训，正确掌握 S 形挂钩的制作与安装方法。

35. 如何处理设备封头分片不均匀的情况？

设备封头分片不均匀的情况如图 3-2-30 所示。

（1）产生原因：下料样板可能有误，下料偏差过大，员工技能未达标。

（2）处置方法：重新核对样板或重新制作样板，仔细核对下料尺寸与下料精度，必要时，重新进行下料。现场安装时，严格做好定位控制与搭接量控制。

（3）预防纠正措施：进行必要的技术培训，提高员工的操作技能。

图 3-2-30　设备封头

36. 如何处理金属外保护层安装错筋的情况？

金属外保护层安装错筋的情况如图 3-2-31 所示。

（1）产生原因：员工责任心不强，质量意识差。

（2）处置方法：拆除，重新安装。

（3）预防纠正措施：加强质量意识宣贯，认真做好自检工作。

图 3-2-31　错筋

37. 如何处理弯头外保护层末端与法兰端面不平行情况？

弯头外保护层末端与法兰端面不平行情况如图3-2-32所示。

图3-2-32　法兰端面

（1）产生原因：安装角度偏差。

（2）处置方法：最后一片弯节安装后，以法兰为基准点划平行线，拆除，沿划线剪切并重新安装。

（3）预防纠正措施：加强职工技能培训，加强质量意识宣贯，认真做好自检工作。

38. 如何处理保护层纵缝与管道/设备轴线不平行情况？

保护层纵缝与管道/设备轴线不平行情况如图3-2-33所示。

图3-2-33　纵缝不平行

（1）产生原因：搭接尺寸不一致。

（2）处置方法：严格控制每一块外保护层的搭接尺寸保持一致。

（3）预防纠正措施：加强职工技能培训，加强质量意识宣贯，认真做好自检工作。

39. 如何处理相邻保护层出现歪斜情况？

（1）产生原因：外保护层与保温层没有紧贴导致，多出现在使用软质保温材料的管道。

（2）处置方法：矫直，并在环向搭接处补充螺钉。

（3）预防纠正措施：加强职工技能培训，加强质量意识宣贯，认真做好自检工作。

40. 如何处理踩踏保温成品的情况？

踩踏保温成品的情况如图3-2-34所示。

（1）产生原因：员工责任心不强，质量意识差。

（2）处置方法：踩坏部位更换。

（3）预防纠正措施：在作业点搭设过桥、走道或作业平台，必要时做好硬防护。

图3-2-34　踩踏保温成品

41. 如何处理保温储罐边缘板腐蚀的情况？

（1）产生原因：施工工艺不当。

（2）处置方法：罐底100mm范围以内，不应保温，如图3-2-35所示，并涂刷弹性防水涂料。

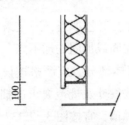

图3-2-35　罐底保温

（3）预防纠正措施：针对特殊部位，在施工方案中应提出具体的施工技术要求，强化对特殊部位的技术交底。

42. 如何处理造成电伴热损坏的情况？

（1）产生原因：施工工艺不当。

（2）处置方法：外保护层宜采用钢带固定，当使用自攻螺钉（铆钉）固定时，必须严格控制钻头钻入深度；伴热穿出位置应加保护，如图3-2-36所示；禁止在电伴热上切割保温材料或剪切金属外保护层。

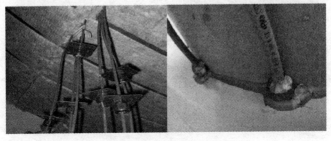

图3-2-36　电伴热保护

（3）预防纠正措施：针对特殊部位，在施工方案中应提出具体的施工技术要求，强化对特殊部位的技术交底。

43. 如何处理风力较大地区大型直立设备外保护层被风吹开的情况？

（1）产生原因：施工工艺不当，一是未将搭接口按背风侧设置；二是未进行钢带加固或加固处理不当。

（2）处置方法：筒体部分，应严格按设计及规范要求将搭接缝设在背风一侧，并按设计及规范要求的捆扎材料、捆扎间距进行外加固；拱顶罐的罐顶，宜按图3-2-37施工。

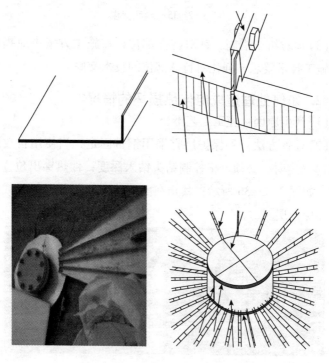

图3-2-37 罐顶外保护层加固

（3）预防纠正措施：针对特殊部位，认真掌握设计及规范的要求，在施工方案中应提出具体的施工技术要求，同时强化对特殊部位的技术交底。

第四篇　安全知识

第一章　专业安全

1. 从事岩棉、硅酸铝等绝热工程的作业人员应穿戴哪些个人防护用品？

除工作服外，应戴口罩、袖套、防尘围脖和防护手套及防护脚套。袖口、裤脚、领口要扎好。

2. 从事沥青、玛蹄脂等胶泥类防潮层施工时作业人员应穿戴哪些个人防护用品？

除工作服外，应戴过滤性口罩、袖套、防护手套，必要时应配戴防护眼镜。

3. 从事剪板、扦口、滚圆等转动类机械设备操作时应特别注意什么安全事项？

应防止手指、头发、衣服等卷入机械设备的转动部位。头发应为短发或采取包裹措施。佩戴露指手套或不戴手套。衣服扣应紧系或将衣服下部束紧。

4. 在进行阀门、机械设备绝热作业时，应注意什么事项？

不要触动各种阀门。

5. 在进行地下设备和管道绝热作业时，应注意什么事项？

应对地下环境进行检查，在确认安全的条件下进行地下设备和管道绝热作业。

6. 在正在运行的装置内进行绝热作业时，应注意什么要求？

(1) 动火和用电作业时，必须办理作业票。

(2) 施工过程必须有人监护。

(3) 必须使用经业主许可的电源及用电设施。

(4) 不得踩踏、触摸正在运行的设备和管道。

(5) 不得转动或搬动阀门、设施、仪表等的开关或手柄。

(6) 高空作业时，应有可靠的防坠落措施。

7. 绝热材料的贮存有什么要求？

(1) 对有防潮防尘要求的绝热材料，应存放在干燥、阴凉、通风的库房内。

(2) 所有材料应采取下垫上盖措施，垫高不低于 100mm，以利于通风。

(3) 库房内及近库房处应无火源，并备有必要的消防设施。

(4) 材料存放应分类登记，填上厂名、出厂日期、批号、进库日期。

(5) 室外材料放置时，应放置在地势较高位置。

8. 绝热工程施工时，在文明施工方面应注意什么事项？

作业时应随身携带工作袋，随时收集作业过程中产生的废纸、碎棉、碎铁皮并及时清运到指定位置。在机泵周边进行绝热施工时，应对电机及转动部位进行保护，防止绝热材料碎屑对电机及转动部位造成堵塞。

第二章 通用安全

1. 使用电动工具时作业人员应使用哪些个人防护用品?

使用电动工具时,应佩戴好防护目镜。

2. 在振动或噪声环境下作业时应使用哪些个人防护用品?

应佩戴耳塞,减少噪声的伤害。

3. 高空作业时,应采取哪些个人安全防护措施?

应穿防滑鞋、戴防滑手套、系五点式安全带。

4. 高空作业时,作业环境应采取哪些安全防护措施?

应设置爬梯、走台、作业平台,临边孔洞应进行围护,并设置安全网、生命绳。

5. 高空作业时,作业用小型工具、小型物品应采取什么安全防护措施?

应设置工具袋,小型工具、小型物品应放置在工具袋内以防止高空坠物,严禁上下抛掷工具和物品。

6. 高空作业时对人员身体有什么要求?

高空作业人员应每年进行一次体检,身体符合高处作业要求时,才能进行登高作业。

7. 在脚手架上高空作业时有哪些注意事项？

(1)应对脚手架进行检查，如发现不安全之处须妥善处理。

(2)不许踩蹬脚手架端头进行作业。

(3)不许擅自对脚手架进行修改。

(4)多层作业时，上下层应错开作业。

8. 高空作业使用卷扬机时有哪些注意事项？

(1)应对卷扬机进行检查维修。

(2)操作人员与指挥人员应在视线可及的位置，确保整个吊装过程均能在目视范围之内。

(3)吊装重量应在卷扬机的吊装重量许可范围之内。

(4)吊装散状材料时应用封闭式口袋吊装；吊装保护层材料时，应采用两点式吊装。

(5)吊装点下方严禁站人。

(6)吊装区域应有警示标识。

9. 在什么情况下应系挂安全带？

作业高度超过 2m 以及在 2m 以下无有效的防护措施时均应系挂安全带。

10. 如何正确使用安全带？

(1)要采用五点式安全带。

(2)安全带系挂时要高挂低用。

(3)当高处无系挂点时应设置生命绳。

11. 现场施工用电应注意什么事项？

应采用"三相五线制"并实行"一机一闸一漏一箱"。

12. 现场使用的漏电保护器的动作电流和动作时间应符合什么要求?

额定漏电动作电流应不大于 30mA，额定漏电动作时间应小于 0.1s。使用于潮湿和有腐蚀介质场所的漏电保护器应采用防潮型产品，其额定漏电动作电流应不大于 15mA，额定漏电动作时间应小于 0.1s。

13. 现场施工使用的安全电压是多少?

一般情况下为 24V，潮湿或密闭环境下应为 12V。

14. 高压线附近的施工作业有什么要求?

在高压线的下方不得进行材料堆放或施工作业。在高压线的水平方向 6m 范围内不得进行施工作业。当达不到上述要求时，应采取防护措施。